#상위권문제유형의기준
#상위권진입교재
#응용유형연습
#사고력향상

최고수준S

▼

[최고수준S] 초등 수학

기획총괄	박금옥
편집개발	지유경, 정소현, 조선영, 최윤석,
	김장미, 유혜지, 남솔, 정하영
디자인총괄	김희정
표지디자인	윤순미, 이주영, 김주은
내지디자인	박희춘
제작	황성진, 조규영

발행일	2023년 4월 15일 초판 2023년 4월 15일 1쇄
발행인	(주)천재교육
주소	서울시 금천구 가산로9길 54
신고번호	제2001-000018호
고객센터	1577-0902

최고수준 S

상위권 진입비결

3-2

구성과 특징 🔍

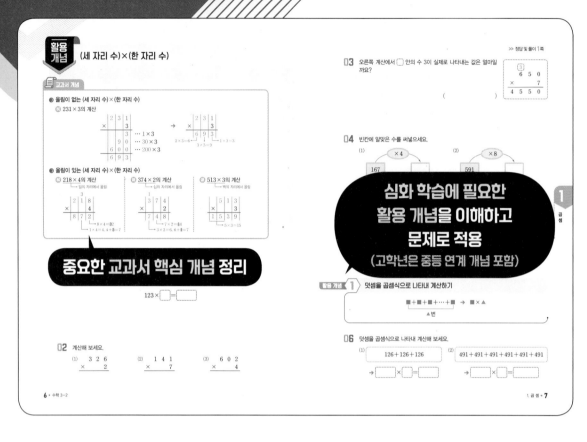

활용 개념 (세 자리 수)×(한 자리 수)

중요한 교과서 핵심 개념 정리

심화 학습에 필요한 활용 개념을 이해하고 문제로 적용
(고학년은 중등 연계 개념 포함)

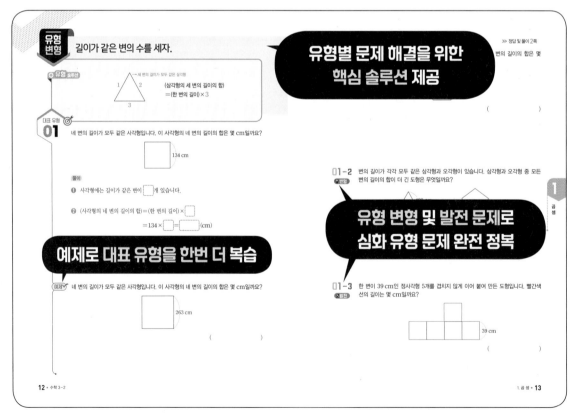

유형 변형 길이가 같은 변의 수를 세자.

유형별 문제 해결을 위한 핵심 솔루션 제공

예제로 대표 유형을 한번 더 복습

유형 변형 및 발전 문제로 심화 유형 문제 완전 정복

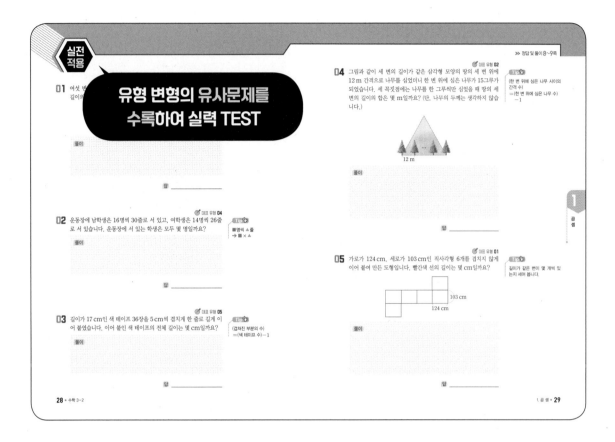

>> 정답 및 풀이 8~9쪽

실전 적용

유형 변형의 유사문제를
수록하여 실력 TEST

01 여섯 변ㅇ...
길이의...

풀이

답 _____

02 운동장에 남학생은 16명씩 30줄로 서 있고, 여학생은 14명씩 26줄로 서 있습니다. 운동장에 서 있는 학생은 모두 몇 명일까요? ⚓ 대표 유형 **04**

Tip ▶
▲명씩 ■줄
→ ■×▲

풀이

답 _____

03 길이가 17 cm인 색 테이프 36장을 5 cm씩 겹치게 한 줄로 길게 이어 붙였습니다. 이어 붙인 색 테이프의 전체 길이는 몇 cm일까요? ⚓ 대표 유형 **05**

Tip ▶
(겹쳐진 부분의 수)
=(색 테이프 수)─1

풀이

답 _____

04 그림과 같이 세 변의 길이가 같은 삼각형 모양의 땅의 세 변 위에 12 m 간격으로 나무를 심었더니 한 변 위에 심은 나무가 15그루가 되었습니다. 세 꼭짓점에는 나무를 한 그루씩만 심었을 때 땅의 세 변의 길이의 합은 몇 m일까요? (단, 나무의 두께는 생각하지 않습니다.) ⚓ 대표 유형 **02**

Tip ▶
(한 변 위에 심은 나무 사이의 간격 수)
=(한 변 위에 심은 나무 수)
─1

풀이

답 _____

05 가로가 124 cm, 세로가 103 cm인 직사각형 6개를 겹치지 않게 이어 붙여 만든 도형입니다. 빨간색 선의 길이는 몇 cm일까요? ⚓ 대표 유형 **01**

Tip ▶
길이가 같은 변이 몇 개씩 있는지 세어 봅니다.

풀이

답 _____

1
곱셈

유형 변형 마지막 문제의
유사문제 반복학습

유형 변형하기

1. 곱

본문 '유형 변형'의 반복학습입니다.

대표 유형 01

1 오른쪽은 한 변이 54 cm인 정사각형 6개를 겹치지 않...
붙여 만든 도형입니다. 빨간색 선의 길이는 몇 cm일...

(

대표 유형 02

2 오른쪽 그림과 같이 정사각형 모양의 땅에 울타리를...
다. 땅의 네 변 위에 9 m 간격으로 기둥을 세웠더니...
운 기둥이 23개가 되었습니다. 네 꼭짓점에는 기둥...
세웠을 때 땅의 네 변의 길이의 합은 몇 m일까요?
(단, 기둥의 두께는 생각하...

(

대표 유형 03

3 ☐ 안에 들어갈 수 있는 두 자리 수는 모두 몇 개일까...

$612 \times 8 < 79 \times \boxed{} < 5$

실전 적용의 유사문제 반복학습

실전 적용하기

1. 곱셈

본문 '실전 적용'의 반복학습입니다.

1 여섯 변의 길이가 모두 같은 육각형입니다. 이 육각형의 여섯 변의 길이의 합은 몇 cm 일까요?

243 cm

(

2 체육관에 줄넘기가 12개씩 30상자 있고, 공이 11개씩 23상자 있습니다. 체육관에 있는 줄넘기와 공은 모두 몇 개일까요?

(

복습책

1
곱셈

유형 변형 대표 유형

(세 자리 수)×(한 자리 수)

● 올림이 없는 (세 자리 수)×(한 자리 수)

예 231×3의 계산

```
      2 3 1
  ×       3
  ─────────
          3   … 1×3
        9 0   … 30×3
      6 0 0   … 200×3
  ─────────
      6 9 3
```

→
```
      2 3 1
  ×       3
  ─────────
      6 9 3
```
2×3=6 → 3×3=9 → 1×3=3

● 올림이 있는 (세 자리 수)×(한 자리 수)

예 218×4의 계산
└ 일의 자리에서 올림

```
        3
      2 1 8
  ×       4
  ─────────
      8 7 2
```
└ 8×4=32
└ 1×4=4, 4+3=7

예 374×2의 계산
└ 십의 자리에서 올림

```
      1
      3 7 4
  ×       2
  ─────────
      7 4 8
```
└ 7×2=14
└ 3×2=6, 6+1=7

예 513×3의 계산
└ 백의 자리에서 올림

```
      5 1 3
  ×       3
  ─────────
    1 5 3 9
```
└ 5×3=15

01 그림을 보고 ◻ 안에 알맞은 수를 써넣으세요.

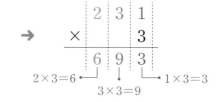

$123 × \boxed{} = \boxed{}$

02 계산해 보세요.

(1)
```
    3 2 6
  ×     2
```

(2)
```
    1 4 1
  ×     7
```

(3)
```
    6 0 2
  ×     4
```

≫ 정답 및 풀이 **1**쪽

03 오른쪽 계산에서 ☐ 안의 수 3이 실제로 나타내는 값은 얼마일까요?

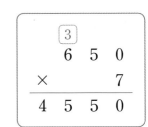

(   )

04 빈칸에 알맞은 수를 써넣으세요.

(1)

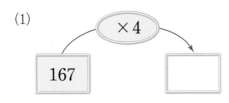

(2)

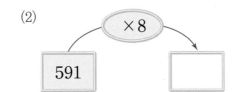

05 곱의 크기를 비교하여 ◯ 안에 >, =, <를 알맞게 써넣으세요.

활용 개념 **1** 덧셈을 곱셈식으로 나타내 계산하기

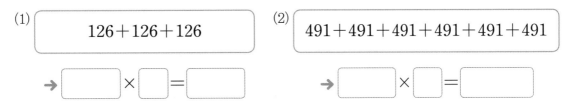

06 덧셈을 곱셈식으로 나타내 계산해 보세요.

(1)
$$126 + 126 + 126$$

→ ☐ × ☐ = ☐

(2)
$$491 + 491 + 491 + 491 + 491 + 491$$

→ ☐ × ☐ = ☐

1
곱
셈

(몇십)×(몇십), (몇십몇)×(몇십), (몇)×(몇십몇)

교과서 개념

● **(몇십)×(몇십), (몇십몇)×(몇십)**

예 20×40의 계산

$$20 \times 4 = \underline{80} \quad \rightarrow \quad 20 \times 40 = \underline{800}$$

(10배 / 10배)

예 17×20의 계산

$$17 \times 2 = \underline{34} \quad \rightarrow \quad 17 \times 20 = \underline{340}$$

(10배 / 10배)

● **(몇)×(몇십몇)**

예 8×26의 계산

```
      8
  ×  2 6
  ─────────
      4 8   … 8×6
    1 6 0   … 8×20
  ─────────
    2 0 8
```

→

```
      4
      8
  ×  2 6
  ─────────
    2 0 8
```

→ 8×6=48에서 4를 올림하여 작게 씁니다.

→ 8×2=16, 16+4=20에서 0을 십의 자리에 쓰고, 2를 올림하여 백의 자리에 씁니다.

---

01 ☐ 안에 알맞은 수를 써넣으세요.

(1) 50×3 = ☐

→ 50×30 = ☐

(2) 42×6 = ☐

→ 42×60 = ☐

02 계산해 보세요.

(1)
```
    4 0
  × 8 0
```

(2)
```
    1 9
  × 7 0
```

(3)
```
        5
  ×  3 5
```

03 곱의 크기를 비교하여 ◯ 안에 >, =, <를 알맞게 써넣으세요.

| 3×84 | ◯ | 4×65 |

활용 개념 1 ☐ 안에 알맞은 수 구하기

$60 \times 30 = 20 \times \boxed{}$

① $60 \times 30 = 1800$이므로 $20 \times \boxed{} = 1800$입니다.

② $2 \times 9 = 18$이므로 $20 \times 90 = 1800$ → $\boxed{} = 90$

04 ☐ 안에 알맞은 수를 써넣으세요.

(1) $20 \times 40 = 10 \times \boxed{}$

(2) $30 \times 80 = 60 \times \boxed{}$

05 두 곱셈의 곱이 같습니다. ☐ 안에 알맞은 수를 구하세요.

60×60 $40 \times \boxed{}$

(   )

1

곱
셈

활용 개념 2 곱셈을 이용하는 문장제 문제

호두가 한 봉지에 50개씩 20봉지 있을 때 호두는 모두 몇 개인지 구하세요.

(전체 호두 수)＝(한 봉지에 들어 있는 호두 수)×(봉지 수)
＝$50 \times 20 = 1000$(개)

06 사과가 한 상자에 16개씩 30상자 있습니다. 사과는 모두 몇 개일까요?

(   )

07 선희는 동화책을 하루에 8쪽씩 읽습니다. 선희가 23일 동안 읽은 동화책은 모두 몇 쪽일까요?

(   )

(몇십몇)×(몇십몇)

● **(몇십몇)×(몇십몇)**

예 38×46의 계산

```
        3   8
    ×   4   6
    2   2   8   … 38×6
1   5   2   0   … 38×40
1   7   4   8
```

38×46은 38×40과 38×6을 각각 계산한 후 두 곱을 더합니다.

$$38 \times 46 \begin{cases} 38 \times 40 = 1520 \\ 38 \times 6 = 228 \end{cases} 1748$$

01 ☐ 안에 알맞은 수를 써넣으세요.

(1) 14 × 30 = ☐
     14 × 7 = ☐
     ─────────────
     14 × 37 = ☐

(2) 52 × 90 = ☐
     52 × 4 = ☐
     ─────────────
     52 × 94 = ☐

02 계산해 보세요.

(1)   5   1
     ×   2   3

(2)   3   7
     ×   6   2

(3)   8   9
     ×   4   8

03 곱의 크기를 비교하여 ○ 안에 >, =, <를 알맞게 써넣으세요.

28 × 72 54 × 33

활용 개념 **1** 나타내는 수의 ■배 구하기

• 나타내는 수의 13배인 수 구하기

$$10이 4개, 1이 2개인 수$$

① 나타내는 수를 구합니다.

10이 4개이면 40 ┐
1이 2개이면 2 ┘ → 42

② 42의 13배 → $42 \times 13 = 546$

04 다음이 나타내는 수의 45배인 수를 구하세요.

$$10이 7개, 1이 3개인 수$$

(   )

활용 개념 **2** 약속에 따라 계산하기

예 $16 ◎ 27$의 계산

$$㉠ ◎ ㉡ = ㉠ \times 2 \times ㉡$$

㉠ 대신에 16, ㉡ 대신에 27을 넣고 계산합니다.

→ $16 ◎ 27 = \underline{16 \times 2} \times 27 = 32 \times 27 = 864$

05 기호 ◈에 대하여 $㉠ ◈ ㉡ = ㉠ \times ㉡ \times 6$이라 약속할 때 다음을 계산해 보세요.

$$19 ◈ 34$$

(   )

06 기호 ▲에 대하여 $㉠ ▲ ㉡ = ㉠ \times ㉠ \times ㉡$이라 약속할 때 다음을 계산해 보세요.

$$8 ▲ 72$$

(   )

곱
셈

길이가 같은 변의 수를 세자.

→ 세 변의 길이가 모두 같은 삼각형

1 2

3

(삼각형의 세 변의 길이의 합)
＝(한 변의 길이)×3

대표 유형
01

네 변의 길이가 모두 같은 사각형입니다. 이 사각형의 네 변의 길이의 합은 몇 cm일까요?

134 cm

풀이

❶ 사각형에는 길이가 같은 변이 ☐ 개 있습니다.

❷ (사각형의 네 변의 길이의 합)＝(한 변의 길이)× ☐

＝134× ☐ ＝ ☐ (cm)

답 _____

예제 네 변의 길이가 모두 같은 사각형입니다. 이 사각형의 네 변의 길이의 합은 몇 cm일까요?

263 cm

(   )

01-1
다섯 변의 길이가 모두 같은 오각형입니다. 이 오각형의 다섯 변의 길이의 합은 몇 cm일까요?

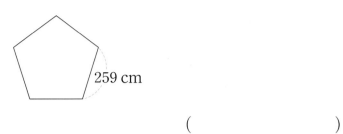

(   )

01-2
변의 길이가 각각 모두 같은 삼각형과 오각형이 있습니다. 삼각형과 오각형 중 모든 변의 길이의 합이 더 긴 도형은 무엇일까요?

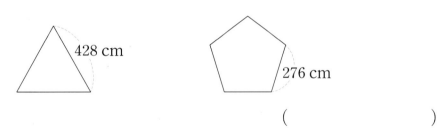

(   )

01-3
한 변이 39 cm인 정사각형 5개를 겹치지 않게 이어 붙여 만든 도형입니다. 빨간색 선의 길이는 몇 cm일까요?

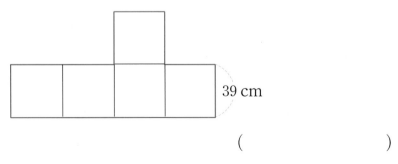

(   )

나무 수로 나무 사이의 간격 수를 구하자.

➕ **유형 솔루션**

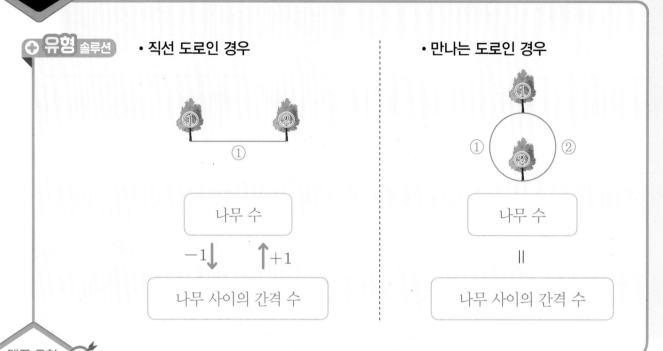

• 직선 도로인 경우

나무 수

−1 ↓ ↑ +1

나무 사이의 간격 수

• 만나는 도로인 경우

나무 수

‖

나무 사이의 간격 수

대표 유형 02

그림과 같이 도로의 한쪽에 처음부터 끝까지 360 cm 간격으로 나무 8그루를 심었습니다. 이 도로의 길이는 몇 cm일까요? (단, 나무의 두께는 생각하지 않습니다.)

360 cm   ...   360 cm

풀이

❶ (나무 사이의 간격 수)=(나무 수)−1=□−1=□(군데)

❷ (도로의 길이)=360×□=□(cm)

답 _____

예제✔ 도로의 한쪽에 처음부터 끝까지 245 cm 간격으로 나무 9그루를 심었습니다. 이 도로의 길이는 몇 cm일까요? (단, 나무의 두께는 생각하지 않습니다.)

(   )

02-1
변형

그림과 같이 산책로의 양쪽에 처음부터 끝까지 3 m 간격으로 가로등 50개를 세웠습니다. 이 산책로의 길이는 몇 m일까요? (단, 가로등의 두께는 생각하지 않습니다.)

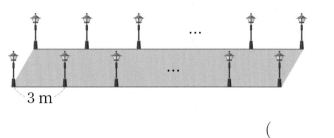

(   )

02-2
변형

원 모양의 호수 둘레에 15 m 간격으로 나무 46그루를 심었습니다. 이 호수의 둘레는 몇 m일까요? (단, 나무의 두께는 생각하지 않습니다.)

(   )

02-3
발전

그림과 같이 정사각형 모양 땅의 네 변 위에 7 m 간격으로 깃발을 꽂았더니 한 변 위에 꽂은 깃발이 18개가 되었습니다. 네 꼭짓점에는 깃발을 한 개씩만 꽂았을 때 땅의 네 변의 길이의 합은 몇 m일까요? (단, 깃발의 두께는 생각하지 않습니다.)

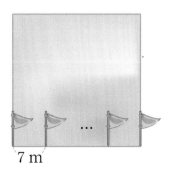

(   )

수를 어림하여 가까운 곱을 찾자.

$$38 \times \boxed{}0 > 1950$$

① 38을 40으로 어림하면 $40 \times 50 = 2000$으로 1950에 가깝습니다.

② $38 \times \boxed{5}0 = 1900 < 1950$

$38 \times \boxed{6}0 = 2280 > 1950 \quad \rightarrow \quad \boxed{} = 6, 7, \ldots$

$38 \times \boxed{7}0 = 2660 > 1950$

⋮

대표 유형 03

1부터 9까지의 수 중에서 ▲에 들어갈 수 있는 수는 모두 몇 개일까요?

$$61 \times \blacktriangle 0 > 4400$$

풀이

❶ 61을 60으로 어림하면 $60 \times 70 = \boxed{}$ (으)로 4400에 가깝습니다.

❷ ▲에 7부터 차례대로 넣어 곱의 크기를 비교하면

$61 \times 70 = \boxed{} < 4400$

$61 \times 80 = \boxed{} > 4400$

$61 \times 90 = \boxed{} > 4400$

❸ ▲에 들어갈 수 있는 수: 8, 9 → $\boxed{}$ 개

답 _____

예제 1부터 9까지의 수 중에서 $\boxed{}$ 안에 들어갈 수 있는 수는 모두 몇 개일까요?

$$47 \times \boxed{}0 > 1970$$

(   )

03-1 ⬡변형 ☐ 안에 들어갈 수 있는 가장 큰 두 자리 수를 구하세요.

$$72 \times \boxed{} < 3000$$

(   )

03-2 ⬡변형 1부터 9까지의 자연수 중에서 ☐ 안에 들어갈 수 있는 수는 모두 몇 개일까요?

$$328 \times \boxed{} < 486 \times 5$$

(   )

03-3 ⬡변형 종이의 일부가 찢어졌습니다. 1부터 9까지의 자연수 중에서 찢어진 부분에 들어갈 수 있는 가장 작은 수를 구하세요.

$$559 \times \boxed{} > 867 \times 3$$

(   )

03-4 🏆발전 ☐ 안에 들어갈 수 있는 두 자리 수는 모두 몇 개일까요?

$$614 \times 7 < 83 \times \boxed{} < 50 \times 90$$

(   )

곱셈과 덧셈 또는 뺄셈을 같이 이용하자.

12 12 12 12 → 동생에게 연필 15자루를 주었어요.

12자루씩 4타

(전체 연필 수)
$= 12 \times 4 = 48$(자루)

(남은 연필 수)
$= 48 - 15 = 33$(자루)

대표 유형 04

한 묶음에 40장씩인 메모지가 20묶음 있습니다. 그중에서 21장을 사용했다면 남은 메모지는 몇 장일까요?

풀이

❶ (전체 메모지 수) = (한 묶음에 있는 메모지 수) × (묶음 수)

$= 40 \times \boxed{} = \boxed{}$(장)

❷ (남은 메모지 수) = (전체 메모지 수) − (사용한 메모지 수)

$= \boxed{} - 21 = \boxed{}$(장)

답 _____

예제 ✔ 선생님께서 한 묶음에 25권씩인 공책을 30묶음 샀습니다. 그중에서 108권을 학생들에게 나누어 주셨다면 남은 공책은 몇 권일까요?

( )

04-1
변형
한 상자에 과자를 22개씩 담았더니 38상자가 되고 16개가 남았습니다. 과자는 모두 몇 개 있을까요?

( )

04-2
변형
과일 가게에 사과는 한 상자에 8개씩 43상자 있고, 배는 한 상자에 6개씩 27상자 있습니다. 과일 가게에 있는 사과와 배는 모두 몇 개일까요?

( )

04-3
변형
정수와 해영이가 다음과 같이 줄넘기를 했습니다. 정수와 해영이 중 누가 줄넘기를 몇 번 더 많이 했을까요?

> 정수: 하루에 180번씩 5일 동안 했어.
> 해영: 하루에 125번씩 7일 동안 했어.

( ), ( )

04-4
발전
오른쪽은 수현이가 마트에서 산 물건의 영수증입니다. 수현이가 4000원을 냈다면 거스름돈으로 얼마를 받아야 할까요?

( )

영수증		
상품명	금액(개당)	개수
우유	650	2
젤리	480	5
합계		

색 테이프 수와 겹쳐진 부분의 수의 관계를 알자.

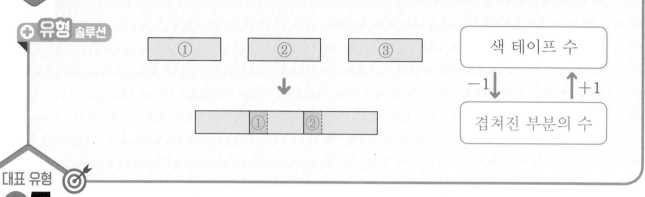

대표 유형
05

길이가 127 cm인 색 테이프 4장을 그림과 같이 30 cm씩 겹치게 이어 붙였습니다. 이어 붙인 색 테이프의 전체 길이는 몇 cm일까요?

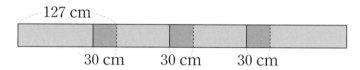

127 cm

30 cm 30 cm 30 cm

풀이

❶ (색 테이프 4장의 길이의 합)=$127 \times 4 =$ ☐ (cm)

❷ (겹쳐진 부분의 수)=$4-1=$ ☐ (군데)이므로

(겹쳐진 부분의 길이의 합)=$30 \times$ ☐ $=$ ☐ (cm)

❸ (이어 붙인 색 테이프의 전체 길이)=$508-$ ☐ $=$ ☐ (cm)

답 _____

예제 ✓ 길이가 193 cm인 색 테이프 5장을 그림과 같이 48 cm씩 겹치게 이어 붙였습니다. 이어 붙인 색 테이프의 전체 길이는 몇 cm일까요?

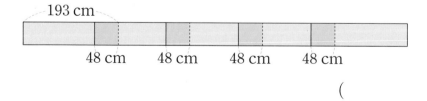

193 cm

48 cm 48 cm 48 cm 48 cm

(   )

05-1
(변형)
길이가 40 cm인 색 테이프 20장을 그림과 같이 10 cm씩 겹치게 이어 붙였습니다. 이어 붙인 색 테이프의 전체 길이는 몇 cm일까요?

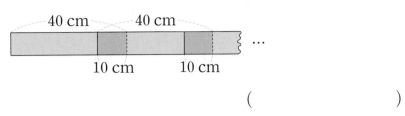

(   )

05-2
(변형)
길이가 9 cm인 색 테이프 53장을 4 cm씩 겹치게 한 줄로 길게 이어 붙였습니다. 이어 붙인 색 테이프의 전체 길이는 몇 cm일까요?

(   )

05-3
(발전)
길이가 36 cm인 색 테이프 15장과 길이가 22 cm인 색 테이프 14장을 그림과 같이 번갈아 가며 7 cm씩 겹치게 이어 붙였습니다. 이어 붙인 색 테이프의 전체 길이는 몇 cm일까요?

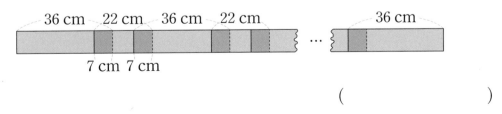

(   )

 유형 솔루션

$$\begin{array}{cccc} & 1 & 2 & \\ & 1 & ㉠ & 8 \\ \times & & & 3 \\ \hline & 4 & 7 & 4 \end{array}$$

㉠×3의 일의 자리 수는 7−2=5입니다.

$5×3=15 \rightarrow ㉠=5$

대표 유형

06

곱셈식에서 ㉠에 알맞은 수를 구하세요.

$$\begin{array}{cccc} & 2 & ㉠ & 5 \\ \times & & & 9 \\ \hline 2 & 4 & 7 & 5 \end{array}$$

풀이

❶ 5×9=45이므로 십의 자리에 올림한 수 ☐ 이/가 있습니다.

❷ ㉠×9의 일의 자리 수는 7− ☐ = ☐ 입니다.

❸ ☐ ×9=63 → ㉠= ☐

답 _____

예제 곱셈식에서 ㉠에 알맞은 수를 구하세요.

$$\begin{array}{cccc} & 8 & ㉠ & 2 \\ \times & & & 7 \\ \hline 6 & 0 & 3 & 4 \end{array}$$

( )

06-1 곱셈식에서 ☐ 안에 알맞은 수를 써넣으세요.

변형

$$
\begin{array}{r}
\boxed{}\ 4\ \boxed{} \\
\times\qquad\quad 3 \\
\hline
7\ \ 4\ \ 7
\end{array}
$$

06-2 곱셈식에서 ☐ 안에 알맞은 수를 써넣으세요.

변형

$$
\begin{array}{r}
2\ \boxed{} \\
\times\quad \boxed{}\ 4 \\
\hline
1\ \ 0\ \ 8 \\
1\ \ 3\ \ 5\ \ 0 \\
\hline
1\ \ 4\ \ 5\ \ 8
\end{array}
$$

06-3 곱셈식에서 ▲는 모두 같은 수입니다. ▲에 알맞은 수를 구하세요.

발전

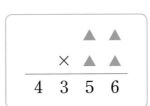

(   )

1

곱
셈

가장 큰(작은) 수를 놓을 자리를 찾자.

• 곱이 가장 큰 □□□×□, □□×□□ 만들기

$$5, 2, 9, 3 \rightarrow 9 > 5 > 3 > 2$$

$$
\begin{array}{r}
5\ 3\ 2 \\
\times\quad \boxed{9} \\
\hline
4\ 7\ 8\ 8
\end{array}
$$
→ 세 번 곱해지므로 가장 큰 수를 놓습니다.

→ 두 수의 십의 자리에는 가장 큰 수와 두 번째로 큰 수를 놓습니다.

$$
\begin{array}{r}
\boxed{9}\ 2 \\
\times\ \boxed{5}\ 3 \\
\hline
4\ 8\ 7\ 6
\end{array}
$$

대표 유형 07

주어진 수 카드를 한 번씩만 사용하여 곱이 가장 큰 (세 자리 수)×(한 자리 수)를 만들었을 때 그 곱을 구하세요.

4   7   1   5

풀이

❶ 수의 크기를 비교하면 7>5>4>1이므로

한 자리 수에 가장 큰 수인 ☐을/를 놓습니다.

❷ 가장 큰 수를 뺀 나머지 수 카드로 만들 수 있는 가장 큰 세 자리 수는 ☐입니다.

❸ 곱이 가장 큰 곱셈식: ☐ × ☐ = ☐

답 _____

예제 주어진 수 카드를 한 번씩만 사용하여 곱이 가장 큰 (세 자리 수)×(한 자리 수)를 만들었을 때 그 곱을 구하세요.

3   0   8   6

(   )

07-1
변형
주어진 수 카드를 한 번씩만 사용하여 곱이 가장 작은 (세 자리 수)×(한 자리 수)를 만들었을 때 그 곱을 구하세요.

| 4 | 9 | 6 | 2 |

(   )

07-2
변형
주어진 수 카드를 한 번씩만 사용하여 곱이 가장 큰 (몇십몇)×(몇십)을 만들었을 때 그 곱을 구하세요.

| 8 | 4 | 0 | 7 |

(   )

07-3
발전
주어진 수 카드를 각각 한 번씩만 사용하여 정희는 곱이 가장 큰 (몇십몇)×(몇십몇)을, 태민이는 곱이 가장 작은 (몇십몇)×(몇십몇)을 만들었습니다. 두 사람이 만든 곱의 차를 구하세요.

| 2 | 1 | 6 | 5 |

(   )

1

곱
셈

일정하게 커지는 수의 합은 가운데 수의 몇 배로 나타내자.

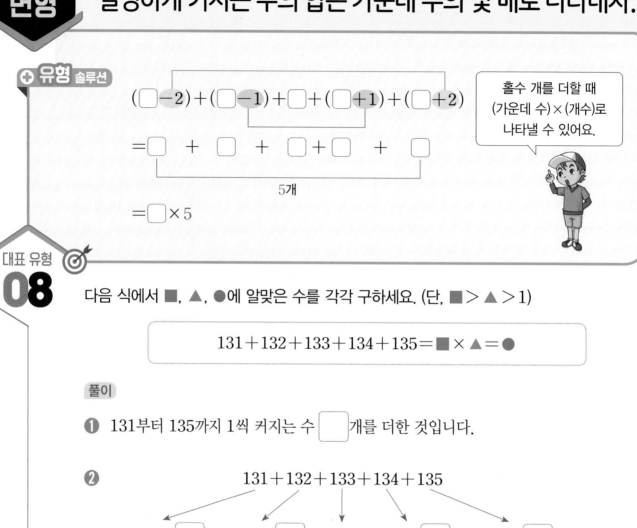

⊕ 유형 솔루션

$$(\square-2)+(\square-1)+\square+(\square+1)+(\square+2)$$

$$=\square+\square+\square+\square+\square$$

5개

$$=\square\times5$$

> 홀수 개를 더할 때
> (가운데 수)×(개수)로
> 나타낼 수 있어요.

대표 유형
08

다음 식에서 ■, ▲, ●에 알맞은 수를 각각 구하세요. (단, ■ > ▲ > 1)

$$131+132+133+134+135=■\times▲=●$$

풀이

❶ 131부터 135까지 1씩 커지는 수 $\boxed{}$ 개를 더한 것입니다.

❷
$$131+132+133+134+135$$

$$=(133-\boxed{})+(133-\boxed{})+133+(133+\boxed{})+(133+\boxed{})$$

$$=\boxed{}\times5=\boxed{}$$

→ ■ = $\boxed{}$, ▲ = $\boxed{}$, ● = $\boxed{}$

답 ■: _____, ▲: _____, ●: _____

예제 ✔ 다음 식에서 ■, ▲, ●에 알맞은 수를 각각 구하세요. (단, ■ > ▲ > 1)

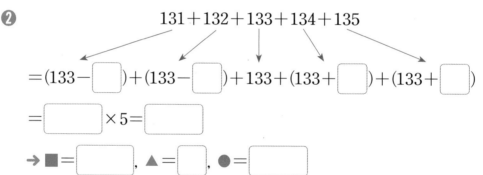

$$344+345+346+347+348+349+350=■\times▲=●$$

■ (   ), ▲ (   ), ● (   )

08-1
변형

□ 안에 알맞은 수를 써넣으세요.

$142+143+144+145+146+147=$ □ $×3=$ □

참고
• 짝수 개를 더하는 경우

$$10+11+12+13=23×2=46$$

4개

$4÷2=2$(개)

08-2
변형

다음 덧셈을 곱셈식을 이용하여 계산해 보세요.

$$21+22+23+\cdots+31+32+33$$

(   )

08-3
발전

다음 덧셈을 곱셈식을 이용하여 계산해 보세요.

$$231+233+235+\cdots+245+247+249$$

(   )

🎯 대표 유형 **01**

01 여섯 변의 길이가 모두 같은 육각형입니다. 이 육각형의 여섯 변의 길이의 합은 몇 cm일까요?

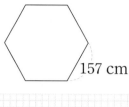
157 cm

풀이

답 _____

🎯 대표 유형 **04**

02 운동장에 남학생은 16명씩 30줄로 서 있고, 여학생은 14명씩 26줄로 서 있습니다. 운동장에 서 있는 학생은 모두 몇 명일까요?

■명씩 ▲줄
➔ ■ × ▲

풀이

답 _____

🎯 대표 유형 **05**

03 길이가 17 cm인 색 테이프 36장을 5 cm씩 겹치게 한 줄로 길게 이어 붙였습니다. 이어 붙인 색 테이프의 전체 길이는 몇 cm일까요?

Tip
(겹쳐진 부분의 수)
＝(색 테이프 수)－1

풀이

답 _____

04 그림과 같이 세 변의 길이가 같은 삼각형 모양의 땅의 세 변 위에 12 m 간격으로 나무를 심었더니 한 변 위에 심은 나무가 15그루가 되었습니다. 세 꼭짓점에는 나무를 한 그루씩만 심었을 때 땅의 세 변의 길이의 합은 몇 m일까요? (단, 나무의 두께는 생각하지 않습니다.)

대표 유형 **02**

Tip

(한 변 위에 심은 나무 사이의 간격 수)
=(한 변 위에 심은 나무 수)
−1

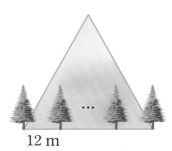

12 m

풀이

답 _____

1

곱셈

05 가로가 124 cm, 세로가 103 cm인 직사각형 6개를 겹치지 않게 이어 붙여 만든 도형입니다. 빨간색 선의 길이는 몇 cm일까요?

대표 유형 **01**

Tip

길이가 같은 변이 몇 개씩 있는지 세어 봅니다.

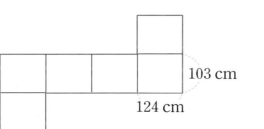

103 cm

124 cm

풀이

답 _____

1. 곱셈 • **29**

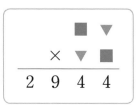

06 곱셈식에서 같은 기호는 같은 수를 나타냅니다. ■, ▼에 알맞은
수를 각각 구하세요. (단, ■>▼)

◎ 대표 유형 06

Tip

▼×■의 일의 자리 수가 4가
되는 경우를 알아봅니다.

풀이

답 ■: _____, ▼: _____

◎ 대표 유형 03

07 1부터 9까지의 자연수 중에서 ☐ 안에 공통으로 들어갈 수 있는
수는 모두 몇 개일까요?

Tip

㉠과 ㉡의 ☐ 안에 들어갈 수
있는 수를 각각 구한 다음 공
통으로 들어갈 수를 찾습니다.

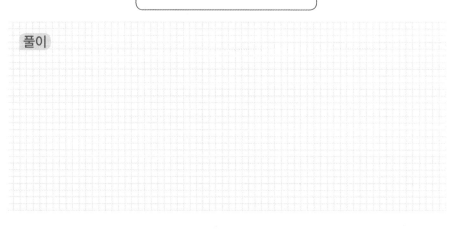

$$㉠ \ 178 \times \square < 1240$$
$$㉡ \ 1832 < 593 \times \square$$

풀이

답 _____

⊙ 대표 유형 **07**

08 4장의 수 카드  9 , 7 , 0 , 3 을 한 번씩만 사용하여 곱이

가장 작은 (몇십몇)×(몇십)을 만들었을 때 그 곱을 구하세요.

풀이

답 _____

⊙ 대표 유형 **08**

09 다음 덧셈을 곱셈식을 이용하여 계산해 보세요.

$$61+63+65+\cdots+85+87+89$$

풀이

답 _____

Tip

일정하게 커지는 수가 15개이므로 (가운데 수)×15로 나타낼 수 있습니다.

1

곱
셈

⊙ 대표 유형 **06**

10 0부터 9까지의 수 중에서 ㉠에 들어갈 수 있는 수를 모두 구하세요.

$$6㉠4\times8=5\square72$$

풀이

답 _____

2

나눗셈

유형 변형 대표 유형

(몇십)÷(몇), (몇십몇)÷(몇)

● **(몇십)÷(몇)**

예 60÷3의 계산 → 내림이 없는 (몇십)÷(몇)

$$\underbrace{6 \div 3 = 2} \quad → \quad \underbrace{60 \div 3 = 20}$$

10배 ⌐ 10배

참고

• 나눗셈식을 세로로 쓰는 방법

$$60 \div 3 = 20$$

몫 → 2 0
3) 6 0

나누는 수 ↗ ↖ 나누어지는 수

예 70÷5의 계산 → 내림이 있는 (몇십)÷(몇)

```
    1 4
5 ) 7 0
    5      ← 5×10
    2 0
    2 0    ← 5×4
      0
```

십의 자리를 계산할 때 일의 자리 0을 생략할 수 있습니다.

● **(몇십몇)÷(몇)**

예 48÷2의 계산 → 내림이 없는 (몇십몇)÷(몇)

```
    2 4
2 ) 4 8
    4      ← 2×20
      8
      8    ← 2×4
      0
```

예 52÷4의 계산 → 내림이 있는 (몇십몇)÷(몇)

```
    1 3
4 ) 5 2
    4      ← 4×10
    1 2
    1 2    ← 4×3
      0
```

01 ☐ 안에 알맞은 수를 써넣으세요.

(1) 8÷4=☐ → 80÷4=☐

(2) 9÷3=☐ → 90÷3=☐

02 계산해 보세요.

(1)
6) 9 0

(2)
4) 8 4

(3)
2) 7 6

>> 정답 및 풀이 **10**쪽

03 큰 수를 작은 수로 나눈 몫을 빈칸에 써넣으세요.

(1)
60	4

(2)
7	84

04 몫의 크기를 비교하여 ◯ 안에 >, =, <를 알맞게 써넣으세요.

$$88 \div 8 \quad \bigcirc \quad 42 \div 3$$

05 사탕 40개를 2명에게 똑같이 나누어 주려고 합니다. 한 명에게 몇 개씩 주어야 할까요?

$$\boxed{} \div \boxed{} = \boxed{} \text{(개)}$$

2

나눗셈

활용 개념 **1** 나눗셈식에서 ☐ 안에 알맞은 수 구하기

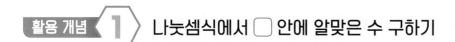

$$\boxed{} \div 2 = 27$$

① 곱셈과 나눗셈의 관계를 이용합니다.

$$\boxed{} \div 2 = 27 \rightarrow 27 \times 2 = \boxed{}$$

② $27 \times 2 = 54$이므로 ☐ 안에 알맞은 수는 54입니다.

06 ☐ 안에 알맞은 수를 써넣으세요.

(1) $\boxed{} \div 2 = 40$

(2) $\boxed{} \div 3 = 21$

(3) $\boxed{} \div 5 = 19$

07 어떤 수를 6으로 나눈 몫이 14였습니다. 어떤 수를 구하세요.

( )

나머지가 있는 (몇십)÷(몇), (몇십몇)÷(몇)

📜 교과서 개념

● 나머지가 있는 (몇십)÷(몇)

예 30÷4의 계산

• 30을 4로 나누면 몫이 7이고 2가 남습니다. 이때 2를 30÷4의 나머지라고 합니다.

• 나머지가 없으면 나머지가 0이라고 말할 수 있습니다. 나머지가 0일 때, 나누어떨어진다고 합니다.

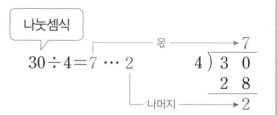

● 나머지가 있는 (몇십몇)÷(몇)

예 95÷3의 계산 → 내림이 없고 나머지가 있는 (몇십몇)÷(몇)

```
      3 1  ← 몫
  3 ) 9 5
      9    ← 3×30
      ‾‾
      5
      3    ← 3×1
      ‾‾
      2    ← 나머지
```

예 33÷2의 계산 → 내림이 있고 나머지가 있는 (몇십몇)÷(몇)

```
      1 6  ← 몫
  2 ) 3 3
      2    ← 2×10
      ‾‾
      1 3
      1 2  ← 2×6
      ‾‾‾
      1    ← 나머지
```

01 계산을 하고 몫과 나머지를 구하세요.

(1)
```
  7 ) 7 9
```

(2)
```
  4 ) 5 1
```

몫 (   )
나머지 (   )

몫 (   )
나머지 (   )

02 나누어떨어지는 나눗셈을 찾아 ○표 하세요.

| 40÷6 | 96÷8 | 63÷5 |

(   )   (   )   (   )

활용 개념 ⟨1⟩ 계산이 맞는지 확인하기

$$39 \div 9 = 4 \cdots 3$$

확인 $\underline{9} \times \underline{4} = 36, 36 + \underline{3} = \underline{39}$

나누는 수 　 몫 　　　 나머지 　 나누어지는 수

나누는 수와 몫의 곱에 나머지를 더하면 나누어지는 수가 됩니다.

03 계산이 맞는지 확인하려고 합니다. ☐ 안에 알맞은 수를 써넣으세요.

$$64 \div 7 = 9 \cdots 1$$

확인 $7 \times \boxed{} = 63, 63 + \boxed{} = \boxed{}$

04 계산이 맞는지 확인해 보고 맞으면 ○표, 틀리면 ×표 하세요.

(1) $$67 \div 5 = 13 \cdots 2$$

확인 _____

(　　)

(2) $$73 \div 2 = 37 \cdots 1$$

확인 _____

(　　)

활용 개념 ⟨2⟩ 나눗셈을 이용하는 문장제 문제

귤 30개를 한 봉지에 8개씩 담으려고 합니다. 남김없이 모두 담으려면 필요한 봉지는 몇 개일까요?

$$30 \div 8 = 3 \cdots 6$$

8개씩 3봉지 ┘ 　　 └ 6개 남습니다.

→ 남은 귤 6개도 담아야 하므로 필요한 봉지는 $3 + 1 = 4$(개)입니다.

05 주혁이는 94쪽짜리 동화책을 하루에 7쪽씩 읽으려고 합니다. 동화책을 남김없이 모두 읽는 데 며칠이 걸릴까요?

(　　　　　　)

2

나
눗
셈

(세 자리 수)÷(한 자리 수)

교과서 개념

◐ 나머지가 없는 (세 자리 수)÷(한 자리 수)

　（예） $412 \div 4$ 의 계산

1을 4로 나눌 수 없으므로 몫에 0을 씁니다.

$$
\begin{array}{r}
1\ 0\ 3 \\
4\overline{)4\ 1\ 2} \\
4 \quad\quad \leftarrow 4 \times 100\\
\overline{1\ 2} \\
1\ 2 \leftarrow 4 \times 3 \\
\overline{0}
\end{array}
$$

◐ 나머지가 있는 (세 자리 수)÷(한 자리 수)

　（예） $329 \div 5$ 의 계산

백의 자리에서 나눌 수 없습니다.

$$
\begin{array}{r}
6\ 5 \\
5\overline{)3\ 2\ 9} \\
3\ 0 \quad \leftarrow 5 \times 60\\
\overline{2\ 9} \\
2\ 5 \leftarrow 5 \times 5 \\
\overline{4}
\end{array}
$$

01 계산해 보세요.

(1) $7\overline{)7\ 3\ 5}$

(2) $3\overline{)8\ 1\ 0}$

(3) $8\overline{)6\ 7\ 2}$

02 나눗셈을 하여 ☐ 안에 몫을, ◯ 안에 나머지를 써넣으세요.

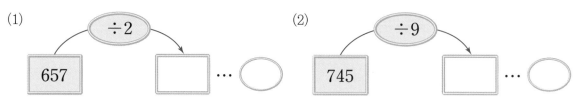

(1) 657 ÷2 ☐ ··· ◯

(2) 745 ÷9 ☐ ··· ◯

03 나머지의 크기를 비교하여 ◯ 안에 >, =, <를 알맞게 써넣으세요.

$453 \div 6$ $591 \div 4$

>> 정답 및 풀이 **10**쪽

활용 개념 ① 나머지가 될 수 있는 수 찾기

■ ÷ 4 = ● … ▲
나누는 수 ←┘   └→ 나머지

나머지(▲)는 나누는 수(4)보다 작아야 합니다.

04 다음 나눗셈의 나머지가 될 수 <u>없는</u> 수는 어느 것일까요? ⟨   ⟩

□ ÷ 5   ① 1   ② 2   ③ 3   ④ 4   ⑤ 5

05 오른쪽 나눗셈의 나머지가 될 수 있는 수 중 가장 큰 수를 구하세요.
(단, ◆는 세 자리 수입니다.)

◆ ÷ 9

(   )

2 나눗셈

활용 개념 ② 수 카드로 나눗셈 만들기

• 몫이 가장 큰 경우: 나누어지는 수는 가장 크게, 나누는 수는 가장 작게 해야 합니다.
• 몫이 가장 작은 경우: 나누어지는 수는 가장 작게, 나누는 수는 가장 크게 해야 합니다.

예 수 카드를 모두 한 번씩 사용하여 (세 자리 수)÷(한 자리 수) 만들기

[2]   [5]   [4]   [7]
┌ 몫이 가장 큰 나눗셈식: 754÷2=377
└ 몫이 가장 작은 나눗셈식: 245÷7=35

06 수 카드를 모두 한 번씩 사용하여 (세 자리 수)÷(한 자리 수)를 만들려고 합니다. 몫이 가장 큰 나눗셈과 가장 작은 나눗셈을 각각 만들고 몫을 구하세요.

[8]   [9]   [7]   [3]

몫이 가장 큰 나눗셈	몫이 가장 작은 나눗셈
□□□ ÷ □	□□□ ÷ □
몫 ( )	몫 ( )

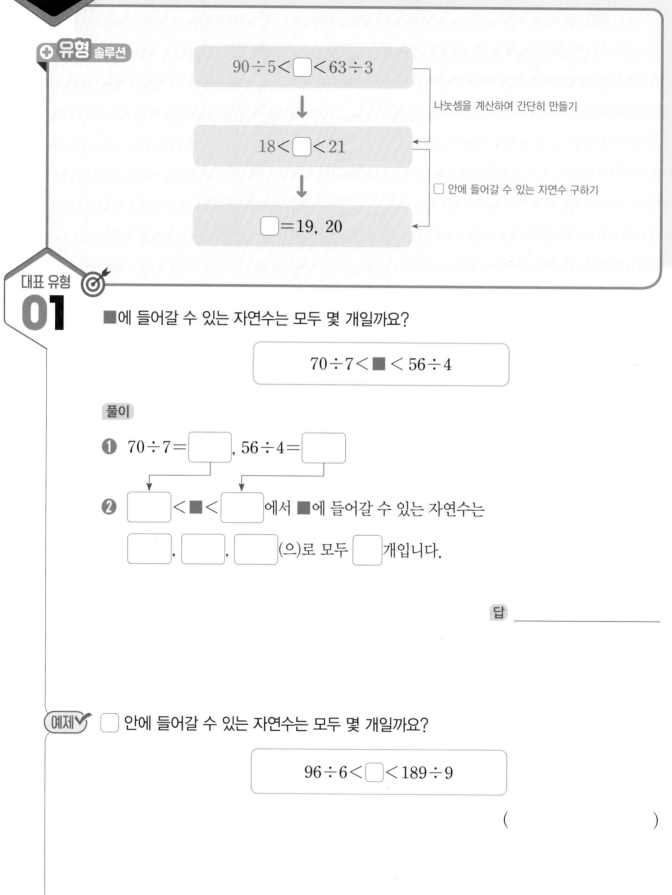

나눗셈을 계산하여 간단히 만들자.

⊕ 유형 솔루션

$$90 \div 5 < \boxed{} < 63 \div 3$$

↓   나눗셈을 계산하여 간단히 만들기

$$18 < \boxed{} < 21$$

↓   □ 안에 들어갈 수 있는 자연수 구하기

$$\boxed{} = 19, \ 20$$

대표 유형

01

■에 들어갈 수 있는 자연수는 모두 몇 개일까요?

$$70 \div 7 < ■ < 56 \div 4$$

풀이

❶ $70 \div 7 = \boxed{}$, $56 \div 4 = \boxed{}$

❷ $\boxed{} < ■ < \boxed{}$ 에서 ■에 들어갈 수 있는 자연수는

$\boxed{}$, $\boxed{}$, $\boxed{}$ (으)로 모두 $\boxed{}$ 개입니다.

답 _____

예제 ☑ □ 안에 들어갈 수 있는 자연수는 모두 몇 개일까요?

$$96 \div 6 < \boxed{} < 189 \div 9$$

(   )

>> 정답 및 풀이 **11**쪽

01-1 **변형** 20부터 30까지의 자연수 중 ◻ 안에 들어갈 수 있는 수는 모두 몇 개일까요?

$$176 \div 8 < \boxed{} < 148 \div 4$$

(   )

01-2 **변형** ◻ 안에 공통으로 들어갈 수 있는 자연수는 모두 몇 개일까요?

$$62 \div 2 < \boxed{} < 160 \div 4$$
$$216 \div 6 < \boxed{} < 205 \div 5$$

(   )

01-3 **발전** ◻ 안에 들어갈 수 있는 자연수는 모두 몇 개일까요?

$$84 \div 7 < \boxed{} \times 4 < 96 \div 3$$

(   )

2

나눗셈

⊕ 유형 솔루션

        →

69개   43개

(전체 구슬 수)

＝69＋43＝112(개)

구슬을 한 상자에
8개씩 담았어요.

(구슬을 담은 상자 수)

＝112÷8＝14(개)

대표 유형 02

정아네 학교 3학년 남학생은 46명, 여학생은 39명입니다. 이 학생들을 한 줄에 5명씩 세우면 모두 몇 줄이 될까요?

풀이

❶ (전체 학생 수)＝(남학생 수)＋(여학생 수)

＝46＋39＝ ☐ (명)

❷ (학생들이 선 줄의 수)＝(전체 학생 수)÷(한 줄에 선 학생 수)

＝ ☐ ÷5＝ ☐ (줄)

답 _____

예제 ✔ 동화책 55권과 위인전 37권이 있습니다. 이 책들을 종류에 상관없이 책꽂이 4칸에 똑같이 나누어 꽂으려고 합니다. 책꽂이 한 칸에 책을 몇 권씩 꽂아야 할까요?

(   )

>> 정답 및 풀이 **11~12**쪽

02-1 초콜릿이 100개 있습니다. 이 중에서 9개를 먹고 남은 초콜릿을 한 명에게 7개씩 주
변형 려고 합니다. 모두 몇 명에게 나누어 줄 수 있을까요?

( )

02-2 사과가 한 상자에 15개씩 20상자 있습니다. 이 사과를 한 봉지에 8개씩 담아서 판다
변형 면 팔 수 있는 사과는 몇 봉지일까요?

( )

02-3 연필 364자루를 한 봉지에 7자루씩 담고, 지우개 87개를 한 봉지에 3개씩 담으려고
변형 합니다. 연필과 지우개를 각각 담는 데 필요한 봉지는 모두 몇 개일까요?

( )

02-4 노란색 테이프 6장을 겹치지 않게 한 줄로 길게 이어 붙이면 길이는 228 cm이고,
발전 노란색 테이프 한 장과 빨간색 테이프 2장을 겹치지 않게 한 줄로 길게 이어 붙이면
길이는 328 cm입니다. 빨간색 테이프 한 장의 길이는 몇 cm일까요?

(단, 같은 색깔의 테이프의 길이는 각각 같습니다.)

( )

나머지가 가장 클 때 나누어지는 수가 가장 크다.

⊕ 유형 솔루션

• ■에 알맞은 수 중에서 가장 큰 수 구하기

$$■ \div 4 = 20 \cdots ▲$$

① ▲가 될 수 있는 수: 1, 2, 3
② ▲＝3일 때 $4 \times 20 = 80$, $80 + 3 = 83$ → ■＝83
     └→ 가장 큰 나머지   └→ 가장 큰 수

대표 유형
03

■에 알맞은 수 중에서 가장 큰 수를 구하세요. (단, ▲는 자연수입니다.)

$$■ \div 3 = 26 \cdots ▲$$

풀이

❶ 나누는 수가 □이므로 ▲가 될 수 있는 수는 1, □입니다.

❷ ▲＝□일 때 나누어지는 수(■)가 가장 큽니다.

❸ $3 \times 26 = \boxed{}$, $\boxed{} + \boxed{} = \boxed{}$

→ ■에 알맞은 수 중에서 가장 큰 수는 □입니다.

답 _____

예제✓ ■에 알맞은 수 중에서 가장 큰 수를 구하세요. (단, ▲는 자연수입니다.)

$$■ \div 5 = 15 \cdots ▲$$

(   )

03-1 ■에 알맞은 수 중에서 두 번째로 큰 수를 구하세요. (단, ▲는 자연수입니다.)
변형

$$■ \div 7 = 39 \cdots ▲$$

( )

03-2 다음 나눗셈의 몫이 153이고 나누어떨어지지 않을 때 ●에 알맞은 자연수 중에서
변형 가장 큰 수를 구하세요.

$$● \div 4$$

( )

03-3 다음 나눗셈의 나머지가 가장 클 때 1부터 9까지의 수 중 ☐ 안에 알맞은 수를 모두
발전 구하세요.

$$☐7 \div 6$$

( )

구할 수 있는 것부터 차례대로 계산하자.

유형 솔루션

$$\begin{array}{r} 1\ \textcircled{\tiny L} \\ \textcircled{\tiny ㄱ}\overline{)\ 5\ 8} \\ 3 \\ \hline 2\ 8 \\ 2\ 7 \\ \hline 1 \end{array}$$

- ㉠×1=30이므로 ㉠=3
- ㉠×㉡=27에서
  3×㉡=27이므로 ㉡=9

$$\begin{array}{r} 1\ 9 \\ 3\ \overline{)\ 5\ 8} \\ 3 \\ \hline 2\ 8 \\ 2\ 7 \\ \hline 1 \end{array}$$

대표 유형 04

오른쪽 나눗셈식에서 ㉠, ㉡, ㉢, ㉣에 알맞은 수를 구하세요.

$$\begin{array}{r} 1\ \textcircled{\tiny L} \\ \textcircled{\tiny ㄱ}\overline{)\ 7\ \textcircled{\tiny C}} \\ 5 \\ \hline 2\ 1 \\ \textcircled{\tiny ㄹ}\ 0 \\ \hline 1 \end{array}$$

풀이

❶ ㉠×1=5이므로 ㉠=☐

❷ 21에서 1은 ㉢을 내려 쓴 것이므로 ㉢=☐

❸ 21−㉣0=1이므로 ㉣=☐이고, ㉠×㉡=㉣0에서 5×㉡=20이므로 ㉡=☐

답 ㉠: _____, ㉡: _____, ㉢: _____, ㉣: _____

예제 오른쪽 나눗셈식에서 ㉠, ㉡, ㉢, ㉣에 알맞은 수를 구하세요.

$$\begin{array}{r} 2\ \textcircled{\tiny L} \\ \textcircled{\tiny ㄱ}\overline{)\ 7\ 7} \\ 6 \\ \hline 1\ \textcircled{\tiny C} \\ 1\ \textcircled{\tiny ㄹ} \\ \hline 2 \end{array}$$

㉠ (   ), ㉡ (   ),
㉢ (   ), ㉣ (   )

>> 정답 및 풀이 **13**쪽

04-1 나눗셈식에서 ☐ 안에 알맞은 수를 써넣으세요.
🔎변형

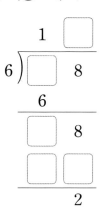

04-2 나눗셈식에서 ☐ 안에 알맞은 수를 써넣으세요.
🔎변형

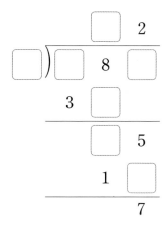

04-3 오른쪽 나눗셈식에서 ●에 들어갈 수 있는 수를 모두 구하세요.
🏆발전

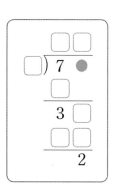

(   )

어떤 수를 □라 하여 식을 세우자.

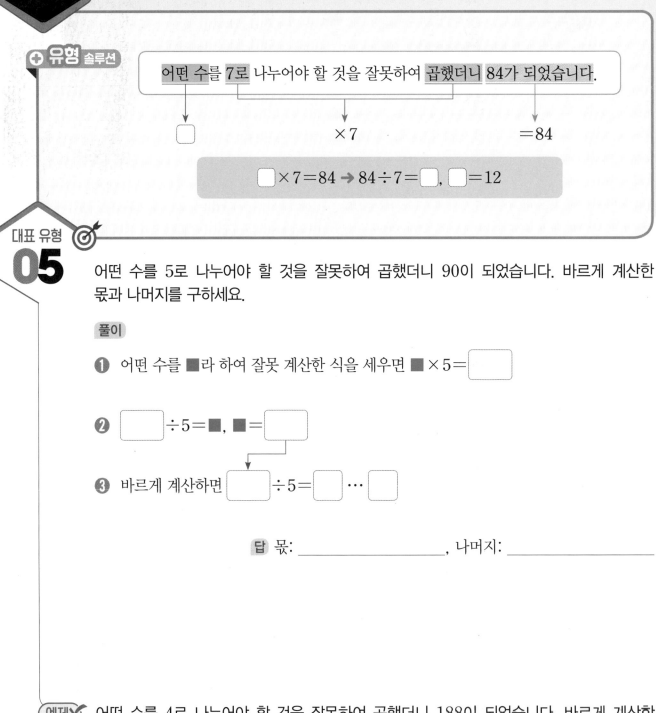

유형 솔루션

어떤 수를 7로 나누어야 할 것을 잘못하여 곱했더니 84가 되었습니다.

□   ×7   =84

□×7=84 ➡ 84÷7=□, □=12

대표 유형 05

어떤 수를 5로 나누어야 할 것을 잘못하여 곱했더니 90이 되었습니다. 바르게 계산한 몫과 나머지를 구하세요.

풀이

❶ 어떤 수를 ■라 하여 잘못 계산한 식을 세우면 ■×5=□

❷ □÷5=■, ■=□

❸ 바르게 계산하면 □÷5=□ … □

답 몫: _____, 나머지: _____

예제 어떤 수를 4로 나누어야 할 것을 잘못하여 곱했더니 188이 되었습니다. 바르게 계산한 몫과 나머지를 구하세요.

몫 ( ), 나머지 ( )

>> 정답 및 풀이 **14**쪽

05-1
변형

어떤 수를 6으로 나누어야 할 것을 잘못하여 60을 더했더니 142가 되었습니다. 바르게 계산한 몫과 나머지를 구하세요.

몫 (   ), 나머지 (   )

05-2
변형

어떤 수를 5로 나누어야 할 것을 잘못하여 3으로 나누었더니 몫이 97로 나누어떨어졌습니다. 바르게 계산한 몫과 나머지를 구하세요.

몫 (   ), 나머지 (   )

05-3
변형

어떤 수를 7로 나누었더니 몫이 57이고 나머지는 나올 수 있는 자연수 중 가장 큰 수였습니다. 어떤 수를 9로 나누었을 때의 몫을 구하세요.

(   )

05-4
발전

53을 어떤 수로 나누었더니 몫은 6이고 나머지는 5였습니다. 297을 어떤 수로 나누었을 때의 몫과 나머지의 합을 구하세요.

(   )

2
나눗셈

나누는 수에서 나머지를 빼자.

유형 솔루션

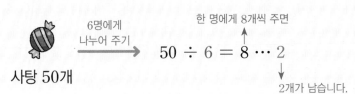

사탕 50개

6명에게 남김없이 똑같이 나누어 주려면 적어도 $6-2=4$(개) 더 필요합니다.

대표 유형 06

지우는 자두를 73개 땄습니다. 이 자두를 5상자에 남김없이 똑같이 나누어 담으려면 자두는 적어도 몇 개 더 필요할까요?

풀이

❶ $73 \div 5 =$ ☐ $\cdots$ ☐

자두를 한 상자에 ☐ 개씩 담으면 ☐ 개가 남습니다.

❷ (적어도 더 필요한 자두 수)=(나누어 담는 상자 수)-(남는 자두 수)

  $= 5 -$ ☐ $=$ ☐ (개)

답 _____

예제 동준이는 연필을 50자루 가지고 있습니다. 이 연필을 3명에게 남김없이 똑같이 나누어 주려면 연필은 적어도 몇 자루 더 필요할까요?

(   )

>> 정답 및 풀이 **14~15**쪽

06-1
변형 민지는 젤리 100개 중에서 16개를 먹었습니다. 남은 젤리를 9명에게 남김없이 똑같이 나누어 주려면 젤리는 적어도 몇 개 더 필요할까요?

( )

06-2
변형 감자를 소정이는 68개, 진수는 95개 캤습니다. 이 감자를 7상자에 남김없이 똑같이 나누어 담으려면 감자는 적어도 몇 개 더 필요할까요?

( )

06-3
변형 한 상자에 6개씩 들어 있는 도넛이 15상자 있습니다. 이 도넛을 접시 8개에 남김없이 똑같이 나누어 담으려면 도넛은 적어도 몇 상자 더 필요할까요?

(단, 도넛은 상자로만 판매합니다.)

( )

06-4
발전 공책 49권을 종현이네 모둠 학생들에게 7권씩 주면 남김없이 똑같이 나누어 줄 수 있다고 합니다. 지우개 137개를 종현이네 모둠 학생들에게 남김없이 똑같이 나누어 주려면 지우개는 적어도 몇 개 더 필요할까요?

( )

나누는 수만큼 더하면 나머지가 같아진다.

■÷5＝▲ … ●이면

를 5로 나누었을 때의 나머지도 ●입니다.

대표 유형 07

70부터 80까지의 자연수 중에서 3으로 나누어떨어지는 수를 모두 구하세요.

풀이

❶ 70부터 80까지의 자연수를 3으로 나누면

$70 \div 3 = \boxed{} \cdots \boxed{}$, $71 \div 3 = \boxed{} \cdots \boxed{}$, $72 \div 3 = \boxed{}$, …

→ 3으로 나누어떨어지는 가장 작은 수는 $\boxed{}$입니다.

❷ 72가 3으로 나누어떨어지므로

$72 + 3 = \boxed{}$, $72 + 3 + 3 = \boxed{}$, $72 + 3 + 3 + 3 = \boxed{}$, …도

3으로 나누어떨어집니다.

❸ 조건을 만족하는 수: 72, $\boxed{}$, $\boxed{}$

답 _____

예제 80부터 100까지의 자연수 중에서 7로 나누어떨어지는 수를 모두 구하세요.

(   )

>> 정답 및 풀이 **15~16**쪽

07-1
변형

□ 안에 들어갈 수 있는 자연수 중에서 6으로 나누어떨어지는 수를 모두 구하세요.

$$310 < \boxed{} < 330$$

(   )

07-2
변형

□ 안에 들어갈 수 있는 자연수 중에서 8로 나누었을 때 나머지가 5인 수를 모두 구하세요.

$$170 < \boxed{} < 200$$

(   )

07-3
발전

조건 을 모두 만족하는 수를 구하세요.

조건
• 50보다 크고 70보다 작은 자연수입니다.
• 4로 나누어떨어집니다.
• 9로 나누면 나머지가 1입니다.

(   )

2

나눗셈

나눈 도형의 변의 길이를 먼저 구하자.

➕ 유형 솔루션

▲ cm

①	
②	
③	

▲ cm

(가장 작은 직사각형의 가로)=(정사각형의 한 변의 길이)
=▲ cm
(가장 작은 직사각형의 세로)=(정사각형의 한 변의 길이)÷3
=(▲ ÷ 3) cm

대표 유형 08

한 변이 108 cm인 정사각형을 오른쪽과 같이 모양과 크기가 같은 직사각형 6개로 나누었습니다. 가장 작은 직사각형 한 개의 네 변의 길이의 합은 몇 cm일까요?

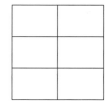

풀이

❶ 가장 작은 직사각형의 가로는 정사각형의 한 변을 2로 나눈 것과 같습니다.

➜ 108÷☐=☐ (cm)

❷ 가장 작은 직사각형의 세로는 정사각형의 한 변을 3으로 나눈 것과 같습니다.

➜ 108÷☐=☐ (cm)

❸ (가장 작은 직사각형 한 개의 네 변의 길이의 합)

=☐ + ☐ + ☐ + ☐ = ☐ (cm)
　(가로)　(세로)　(가로)　(세로)

답 _____

예제 ✔ 한 변이 136 cm인 정사각형을 오른쪽과 같이 모양과 크기가 같은 직사각형 8개로 나누었습니다. 가장 작은 직사각형 한 개의 네 변의 길이의 합은 몇 cm일까요?

(　　　　　　　)

08-1
변형

가로가 275 cm, 세로가 74 cm인 직사각형을 다음과 같이 모양과 크기가 같은 직사각형 10개로 나누었습니다. 가장 작은 직사각형 한 개의 네 변의 길이의 합은 몇 cm일까요?

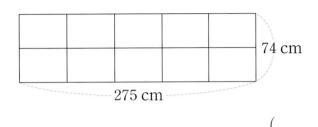

74 cm

275 cm

(   )

08-2
변형

한 변이 57 cm인 정사각형을 오른쪽과 같이 모양과 크기가 같은 정사각형 9개로 나누었습니다. 두 번째로 작은 정사각형 한 개의 네 변의 길이의 합은 몇 cm일까요?

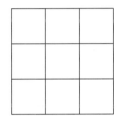

(   )

2

나눗셈

08-3
발전

세 변의 길이가 같은 삼각형을 오른쪽과 같이 모양과 크기가 같은 삼각형 16개로 나누었습니다. 가장 큰 삼각형의 세 변의 길이의 합이 312 cm일 때 가장 작은 삼각형 한 개의 세 변의 길이의 합은 몇 cm일까요?

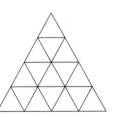

(   )

모르는 수가 하나만 있는 식으로 나타내자.

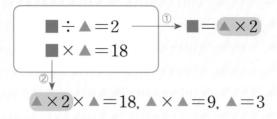

■를 ▲를 이용한 식으로 나타낸 후 ▲를 먼저 구해요.

대표 유형 09

다음을 모두 만족하는 ■, ▲를 구하세요. (단, 같은 기호는 같은 수를 나타냅니다.)

$$■ \div ▲ = 3$$
$$■ \times ▲ = 48$$

풀이

❶ ■ ÷ ▲ = 3에서 ■ = ▲ × ☐

❷ ■ × ▲ = ▲ × ☐ × ▲ = 48, ▲ × ▲ = ☐ 에서 4 × 4 = ☐ 이므로 ▲ = ☐

❸ ▲ = ☐ 이므로 ■ = ☐ × 3 = ☐

답 ■: _____, ▲: _____

예제 다음을 모두 만족하는 ■, ▲를 구하세요. (단, 같은 기호는 같은 수를 나타냅니다.)

$$■ \div ▲ = 7$$
$$■ \times ▲ = 252$$

■ (   ), ▲ (   )

>> 정답 및 풀이 **17~18**쪽

09-1 다음을 모두 만족하는 ●와 ◆의 합을 구하세요.

🔒 변형

(단, 같은 기호는 같은 수를 나타냅니다.)

$$● ÷ ◆ = 4$$
$$● × ◆ = 256$$

(   )

09-2 큰 수를 작은 수로 나누었더니 몫이 9로 나누어떨어졌습니다. 두 수의 곱이 441일 때

🔒 변형

큰 수를 4로 나눈 몫과 나머지를 구하세요.

몫 (   ), 나머지 (   )

09-3 조건 을 모두 만족하는 두 수를 구하세요.

🏆 발전

> 조건
> • 두 수의 차는 29입니다.
> • 큰 수를 작은 수로 나누면 몫은 4, 나머지는 2입니다.

(   )

2

나눗셈

01 🎯 대표 유형 01

01 ◻ 안에 들어갈 수 있는 자연수는 모두 몇 개일까요?

$$102 \div 6 < \square < 75 \div 3$$

풀이

답 _____

02 🎯 대표 유형 03

02 ■에 알맞은 수 중에서 가장 큰 수를 구하세요.

(단, ▲는 자연수입니다.)

$$■ \div 7 = 23 \cdots ▲$$

Tip 🔷
나머지는 항상 나누는 수보다 작습니다.

풀이

답 _____

03 🎯 대표 유형 02

03 수현이는 동화책 한 권을 하루에 16쪽씩 7일 동안 모두 읽었습니다. 같은 동화책을 남규가 하루에 9쪽씩 읽는다면 남김없이 모두 읽는 데 며칠이 걸릴까요?

Tip 🔷
남는 쪽수가 없도록 모두 읽어야 합니다.

풀이

답 _____

🎯 대표 유형 **05**

04 어떤 수를 5로 나누어야 할 것을 잘못하여 곱했더니 820이 되었습니다. 바르게 계산한 몫과 나머지를 구하세요.

Tip

먼저 어떤 수를 ☐라 하여 잘못 계산한 식을 세웁니다.

풀이

답 몫: _____, 나머지: _____

🎯 대표 유형 **06**

05 고기 만두가 26개, 김치 만두가 67개 있습니다. 이 만두를 종류에 상관없이 8명이 똑같이 나누어 먹으려고 합니다. 만두를 남김없이 나누어 먹으려면 만두는 적어도 몇 개 더 필요할까요?

Tip

8명이 똑같이 나누어 먹을 때 부족한 만두 수를 알아봅니다.

2

나눗셈

풀이

답 _____

🎯 대표 유형 **04**

06 나눗셈식에서 ☐ 안에 알맞은 수를 써넣으세요.

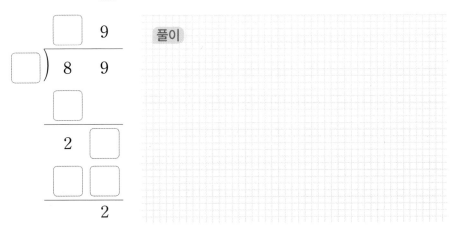

풀이

🎯 대표 유형 **09**

07 큰 수를 작은 수로 나누었더니 몫이 5로 나누어떨어졌습니다. 두 수의 곱이 405일 때 큰 수를 2로 나눈 몫과 나머지를 구하세요.

> Tip 👆
> 큰 수를 ■, 작은 수를 ▲라 하여 식을 세웁니다.

풀이

답 몫: _____, 나머지: _____

🎯 대표 유형 **07**

08 조건을 모두 만족하는 수를 구하세요.

┌─ **조건** ─────────────────────
│ • 140보다 크고 170보다 작은 자연수입니다.
│ • 6으로 나누어떨어집니다.
│ • 5로 나누면 나머지가 2입니다.
└──────────────────────────

풀이

답 _____

09 길이가 105 cm인 굵기가 일정한 나무 막대가 있습니다. 이 나무 막대를 모든 도막의 길이가 7 cm가 되도록 잘랐습니다. 한 번 자르는 데 걸린 시간이 4분일 때 나무 막대를 쉬지 않고 모두 자르는 데 걸린 시간은 몇 분일까요?

🎯 대표 유형 **02**

Tip
나무 막대를 자른 횟수는
(도막 수)−1입니다.

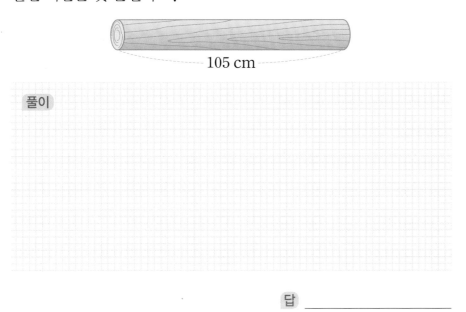

105 cm

풀이

답 _____

10 네 변의 길이의 합이 240 cm인 정사각형을 다음과 같은 규칙으로 모양과 크기가 같은 정사각형이 여러 개가 되도록 나누었습니다. 다섯째에서 가장 작은 정사각형 한 개의 네 변의 길이의 합은 몇 cm일까요?

🎯 대표 유형 **08**

Tip
모양과 크기가 같은 정사각형이 한 변에 1개, 2개, 3개, … 씩 되도록 나누는 규칙이 있습니다.

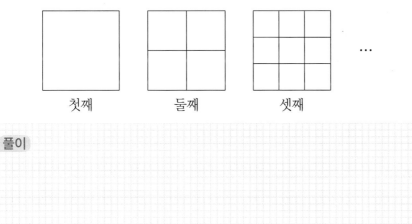

첫째   둘째   셋째   …

풀이

답 _____

3

원

원 알아보기, 원의 성질

교과서 개념

❯ **원의 중심, 반지름, 지름**
- 원의 중심: 원을 그릴 때에 누름 못이 꽂혔던 점 ㅇ
- 원의 반지름: 원의 중심 ㅇ과 원 위의 한 점을 이은 선분 → 선분 ㅇㄱ, 선분 ㅇㄴ
- 원의 지름: 원 위의 두 점을 이은 선분 중 원의 중심 ㅇ을 지나는 선분 → 선분 ㄱㄴ

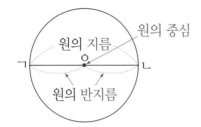

참고

띠 종이를 누름 못으로 고정한 후 연필을 구멍에 넣어 원을 그릴 수 있습니다.

❯ **원의 성질**
- 한 원에서 반지름과 지름은 무수히 많이 그을 수 있습니다.
- 한 원에서 반지름과 지름은 각각 모두 같습니다.
- 지름은 원을 반으로 나누고 원 위의 두 점을 이은 선분 중 가장 깁니다.
- 한 원에서 지름은 반지름의 2배입니다.

01 그림을 보고 관계있는 것끼리 선으로 이어 보세요.

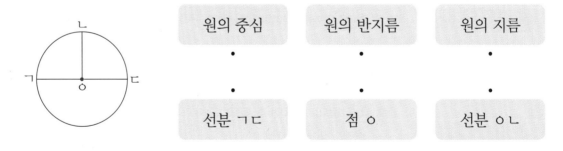

원의 중심	원의 반지름	원의 지름
•	•	•
•	•	•
선분 ㄱㄷ	점 ㅇ	선분 ㅇㄴ

02 ☐ 안에 알맞은 수를 써넣으세요.

(1)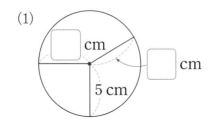

(2)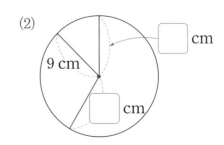

03 원의 반지름과 지름은 각각 몇 cm인지 구하세요.

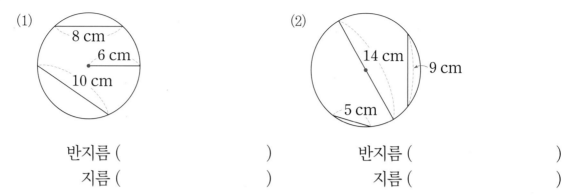

(1)
반지름 (   )
지름 (   )

(2)
반지름 (   )
지름 (   )

04 오른쪽 그림과 같이 정사각형 안에 가장 큰 원을 그렸습니다. 정사각형의 네 변의 길이의 합은 몇 cm일까요?

(   )

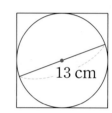

3

원

활용 개념 **1** 원의 크기 비교하기

지름(반지름)의 길이가 길수록 크기가 큰 원입니다.

㉠ 지름이 8 cm인 원
㉡ 반지름이 3 cm인 원

① 지름이나 반지름 중 한 가지로만 나타냅니다.
  (반지름이 3 cm인 원의 지름)=3×2=6 (cm)
② 나타낸 길이를 비교합니다.
  8 cm > 6 cm이므로 크기가 더 큰 원은 ㉠입니다.

05 크기가 더 큰 원을 찾아 기호를 써 보세요.

㉠ 지름이 16 cm인 원   ㉡ 반지름이 9 cm인 원

(   )

원 그리기, 여러 가지 모양 그리기

📜 **교과서 개념**

◐ 컴퍼스를 이용하여 원 그리기

예 컴퍼스를 이용하여 반지름이 2 cm인 원 그리기

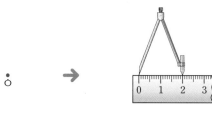 

| 원의 중심이 되는 점 ○을 정합니다. | 컴퍼스를 원의 반지름 만큼 벌립니다. | 컴퍼스의 침을 점 ○에 꽂고 원을 그립니다. |

◐ 원을 이용하여 여러 가지 모양 그리기

• 규칙에 따라 원 그리기

원의 중심은 같고 반지름이 변하는 규칙	원의 반지름은 같고 중심이 변하는 규칙	원의 중심과 반지름이 모두 변하는 규칙
예	예	예

01 컴퍼스를 사용하여 반지름이 8 cm인 원을 그리려고 합니다. ☐ 안에 알맞게 써넣으세요.

① 원의 ☐ 이/가 되는 점 ○을 정합니다.

② 컴퍼스를 원의 반지름인 ☐ cm만큼 벌립니다.

③ 컴퍼스의 침을 점 ☐ 에 꽂고 원을 그립니다.

02 오른쪽 그림과 같이 컴퍼스를 벌려 원을 그리면 원의 지름은 몇 cm가 될까요?

(   )

>> 정답 및 풀이 **20**쪽

03 그림을 보고 규칙을 바르게 설명한 사람의 이름을 써 보세요.

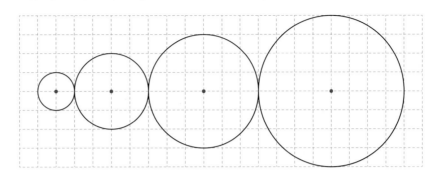

> 지윤: 원의 반지름은 모눈 1칸씩 늘어납니다.
> 정호: 원의 중심은 오른쪽으로 모눈 3칸씩 이동합니다.

(   )

04 규칙에 따라 원을 2개 더 그려 보세요.

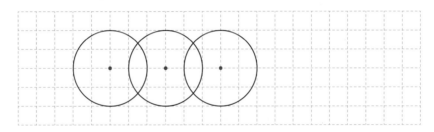

활용 개념 1 **원의 일부분을 이용하여 여러 가지 모양 그리기**

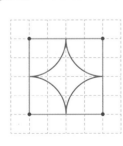

① 정사각형을 그립니다.
② 정사각형의 각 꼭짓점을 원의 중심으로 하는 원 4개의 일부분을 그립니다.

05 주어진 모양과 똑같게 그려 보세요.

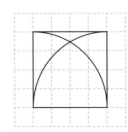 

3. 원 • **67**

원의 중심의 수를 세자.

⊕ 유형 솔루션

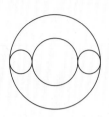 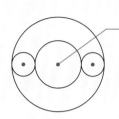

원의 중심이 같은 원은 원의 중심을 1개로 생각합니다.

(컴퍼스의 침을 꽂아야 할 곳의 수)=(원의 중심의 수)=3

대표 유형

01

오른쪽과 같은 모양을 그리려고 합니다. 컴퍼스의 침을 꽂아야 할 곳은 모두 몇 군데일까요?

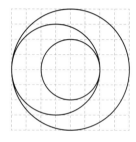

풀이

❶ 모양을 그리는 데 이용한 원은 ⬜개입니다.

❷ 원의 중심이 같은 원은 ⬜개입니다.

❸ (원의 중심의 수)=3−2+1=⬜(개)이므로

컴퍼스의 침을 꽂아야 할 곳은 모두 ⬜군데입니다.

답 _____

예제✔ 오른쪽과 같은 모양을 그리려고 합니다. 컴퍼스의 침을 꽂아야 할 곳은 모두 몇 군데일까요?

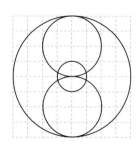

( )

01-1
변형

다음과 같은 모양을 그리려고 합니다. 컴퍼스의 침을 꽂아야 할 곳은 모두 몇 군데일까요?

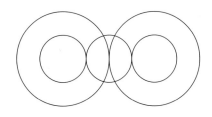

(   )

01-2
변형

다음과 같은 모양을 그리려고 합니다. 컴퍼스의 침을 꽂아야 할 곳은 모두 몇 군데일까요?

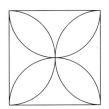

(   )

01-3
발전

다음과 같은 가, 나 모양을 그리려고 합니다. 컴퍼스의 침을 꽂아야 할 곳은 모두 몇 군데일까요?

가 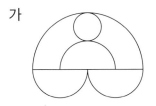   나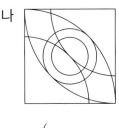

(   )

반지름은 지름의 반이다.

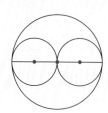

(큰 원의 반지름)=(큰 원의 지름)÷2
=(작은 원의 지름)

대표 유형
02

오른쪽 그림에서 큰 원의 지름은 16 cm입니다. 작은 원의 크기가 같을 때 작은 원의 반지름은 몇 cm일까요?

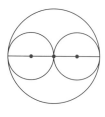

풀이

❶ (큰 원의 반지름)=(큰 원의 지름)÷ ☐

            =16÷ ☐ = ☐ (cm)

❷ (작은 원의 지름)=(큰 원의 반지름)= ☐ cm

❸ (작은 원의 반지름)=(작은 원의 지름)÷2

            = ☐ ÷2= ☐ (cm)

답 _____

예제 오른쪽 그림에서 큰 원의 지름은 28 cm입니다. 작은 원의 크기가 같을 때 작은 원의 반지름은 몇 cm일까요?

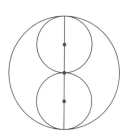

(   )

02-1
변형
오른쪽 그림에서 큰 원의 지름은 30 cm입니다. 작은 원의 크기가 모두 같을 때 작은 원의 반지름은 몇 cm일까요?

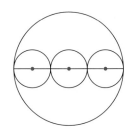

( )

02-2
변형
오른쪽 그림에서 가장 큰 원의 지름은 24 cm입니다. 가장 작은 원의 반지름은 몇 cm일까요?

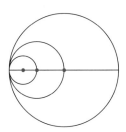

( )

02-3
발전
오른쪽 그림에서 가장 큰 원의 지름은 32 cm입니다. 선분 ㄱㄴ의 길이는 몇 cm일까요?

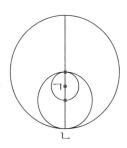

( )

반지름과 지름의 합으로 구하자.

유형 솔루션

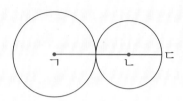

(선분 ㄱㄷ의 길이)＝(큰 원의 반지름)＋(작은 원의 지름)

대표 유형
03

점 ㄱ, 점 ㄴ은 원의 중심입니다. 선분 ㄱㄷ의 길이는 몇 cm일까요?

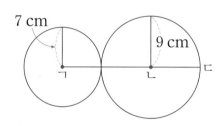

풀이

❶ (큰 원의 지름)＝(큰 원의 반지름)× $\boxed{}$

$=9× \boxed{} = \boxed{}$ (cm)

❷ (선분 ㄱㄷ의 길이)＝(작은 원의 반지름)＋(큰 원의 지름)

$=7+ \boxed{} = \boxed{}$ (cm)

답 _____

예제 점 ㄴ, 점 ㄷ은 원의 중심입니다. 선분 ㄱㄷ의 길이는 몇 cm일까요?

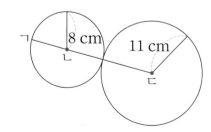

(   )

>> 정답 및 풀이 **22**쪽

03-1 점 ㄴ, 점 ㄷ은 원의 중심입니다. 선분 ㄱㄹ의 길이는 몇 cm일까요?
변형

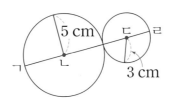

(   )

03-2 점 ㄴ, 점 ㄷ은 원의 중심입니다. 선분 ㄱㄷ의 길이는 몇 cm일까요?
변형

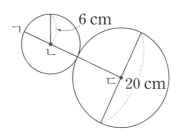

(   )

3

원

03-3 점 ㄱ, 점 ㄴ, 점 ㄷ은 원의 중심입니다. 선분 ㄱㄷ의 길이는 몇 cm일까요?
발전

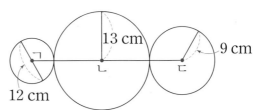

(   )

지름의 몇 배인지 구하자.

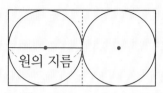

원의 지름

- (직사각형의 가로)=(원의 지름)×2=(원의 반지름)×4
- (직사각형의 세로)=(원의 지름)=(원의 반지름)×2

대표 유형 04

직사각형 안에 지름이 9 cm인 원 3개를 맞닿게 그렸습니다. 직사각형의 네 변의 길이의 합은 몇 cm일까요?

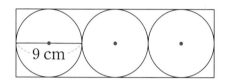

9 cm

풀이

❶ (직사각형의 가로)=(원의 지름)× ☐

$= 9 × ☐ = ☐$ (cm)

❷ (직사각형의 세로)=(원의 지름)= ☐ cm

❸ (직사각형의 네 변의 길이의 합)= ☐ +9+ ☐ +9= ☐ (cm)

답 _____

예제 직사각형 안에 지름이 8 cm인 원 4개를 맞닿게 그렸습니다. 직사각형의 네 변의 길이의 합은 몇 cm일까요?

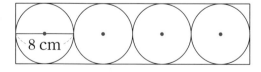

8 cm

(   )

>> 정답 및 풀이 23쪽

04-1
변형

정사각형 안에 반지름이 5 cm인 원 4개를 맞닿게 그렸습니다. 정사각형의 네 변의 길이의 합은 몇 cm일까요?

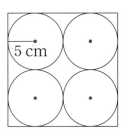

(   )

04-2
변형

직사각형 안에 반지름이 7 cm인 원 10개를 맞닿게 그렸습니다. 직사각형의 네 변의 길이의 합은 몇 cm일까요?

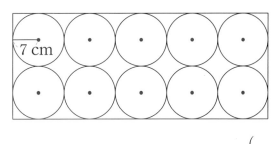

(   )

04-3
발전

그림과 같이 크기가 같은 원 6개를 맞닿게 그렸습니다. 선분 ㄱㄴ의 길이가 12 cm일 때 초록색 선의 길이는 몇 cm일까요?

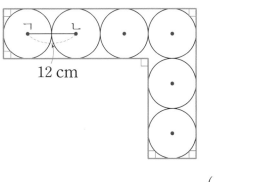

(   )

가장 작은 원부터 순서대로 반지름을 구하자.

➕ 유형 솔루션

• 원의 반지름을 1 cm씩 늘려 가며 그린 모양

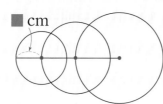

(가장 작은 원의 반지름)=■ cm
(중간 원의 반지름)=(■+1) cm
(가장 큰 원의 반지름)=(■+1+1) cm

대표 유형 05

오른쪽은 원의 반지름을 2 cm씩 늘려 가며 원을 그린 것입니다. 선분 ㄱㄴ의 길이는 몇 cm일까요?

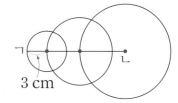

3 cm

풀이

❶ (중간 원의 반지름)=3+2=☐ (cm)

❷ (가장 큰 원의 반지름)=☐+2=☐ (cm)

❸ (선분 ㄱㄴ의 길이)
　=(가장 작은 원의 반지름)+(중간 원의 반지름)+(가장 큰 원의 반지름)
　=3+☐+☐=☐ (cm)

답 _____

예제✔ 오른쪽은 원의 반지름을 3 cm씩 늘려 가며 원을 그린 것입니다. 선분 ㄱㄴ의 길이는 몇 cm일까요?

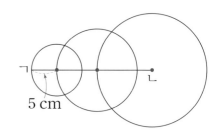

5 cm

(　　　　　　　　　)

>> 정답 및 풀이 **23~24**쪽

05-1 원의 반지름을 4 cm씩 늘려 가며 원을 그린 것입니다. 선분 ㄱㄴ의 길이는 몇 cm 일까요?

변형

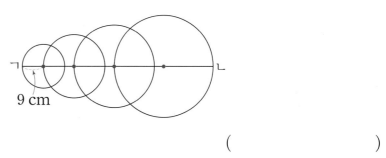

9 cm

(   )

05-2 원의 반지름을 2배씩 늘려 가며 원을 그린 것입니다. 가장 작은 원의 반지름이 2 cm 일 때 선분 ㄱㄴ의 길이는 몇 cm일까요?

변형

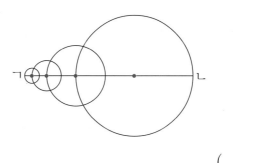

(   )

05-3 그림과 같이 가장 작은 원의 반지름을 3 cm로 하여 반지름을 6 cm씩 늘려 가며 원을 그리려고 합니다. 원을 6개 그렸을 때 양 끝에 놓인 원의 중심을 연결한 선분의 길이는 몇 cm일까요?

발전

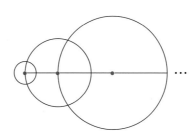

...

(   )

3

원

원의 수와 원의 반지름의 관계를 알자.

유형 솔루션

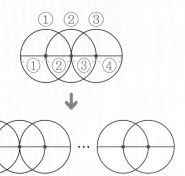

원의 수: 3개
파란색 선분의 길이: 원의 반지름의 4배

원의 수: ■개
파란색 선분의 길이: 원의 반지름의 (■＋1)배

대표 유형
06

크기가 같은 원을 서로 원의 중심이 지나도록 겹쳐서 그린 모양입니다. 선분 ㄱㄴ의 길이가 40 cm일 때 원의 반지름은 몇 cm일까요?

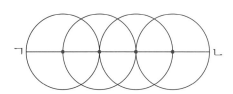

풀이

❶ 원이 ☐개이므로 선분 ㄱㄴ의 길이는 원의 반지름의 ☐＋1=☐(배)입니다.

❷ (원의 반지름)＝(선분 ㄱㄴ의 길이)÷☐

＝40÷☐=☐(cm)

답 _____

예제 크기가 같은 원을 시로 원의 중심이 지나도록 겹처시 그린 모양입니다. 선분 ㄱㄴ의 길이가 36 cm일 때 원의 반지름은 몇 cm일까요?

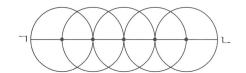

(   )

>> 정답 및 풀이 **24**쪽

06-1
변형
크기가 같은 원 8개를 서로 원의 중심이 지나도록 겹쳐서 그린 모양입니다. 선분 ㄱㄴ의 길이가 135 cm일 때 원의 반지름은 몇 cm일까요?

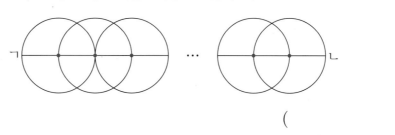

( )

06-2
변형
반지름이 7 cm인 원을 서로 원의 중심이 지나도록 겹쳐서 그린 모양입니다. 선분 ㄱㄴ의 길이가 161 cm일 때 원을 몇 개 그린 것일까요?

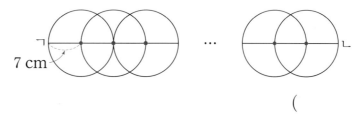

7 cm

( )

06-3
발전
직사각형 안에 크기가 같은 원 12개를 서로 원의 중심이 지나도록 겹쳐서 그린 모양입니다. 직사각형의 네 변의 길이의 합이 270 cm일 때 원의 반지름은 몇 cm일까요?

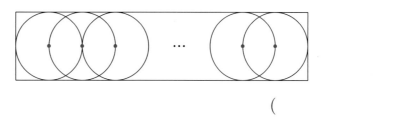

( )

3. 원 • **79**

반지름을 이용하여 한 변의 길이를 구하자.

유형 솔루션

(삼각형의 한 변의 길이)=(원의 반지름)+(원의 반지름)

=(■+■) cm

대표 유형 07

오른쪽은 반지름이 4 cm인 원 3개를 맞닿게 그린 후 원의 중심을 이어 삼각형을 만든 것입니다. 삼각형의 세 변의 길이의 합은 몇 cm일까요?

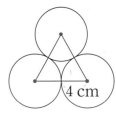

풀이

❶ (삼각형의 한 변의 길이)=(원의 반지름)+(원의 반지름)

= ☐ + ☐ = ☐ (cm)

❷ (삼각형의 세 변의 길이의 합)=(삼각형의 한 변의 길이)×3

= ☐ ×3= ☐ (cm)

답 _____

예제 오른쪽은 반지름이 7 cm인 원 4개를 맞닿게 그린 후 원의 중심을 이어 사각형을 만든 것입니다. 사각형의 네 변의 길이의 합은 몇 cm일까요?

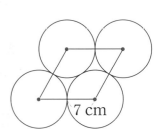

( )

>> 정답 및 풀이 **25**쪽

07-1 **변형** 오른쪽은 크기가 다른 세 원을 맞닿게 그린 후 원의 중심을 이어 삼각형을 만든 것입니다. 삼각형 ㄱㄴㄷ의 세 변의 길이의 합은 몇 cm일까요?

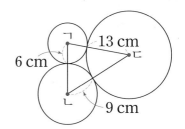

( )

07-2 **변형** 오른쪽은 크기가 같은 두 원과 작은 원을 그린 후 원의 중심을 이어 삼각형을 만든 것입니다. 삼각형 ㄱㄴㄷ의 세 변의 길이의 합은 몇 cm일까요?

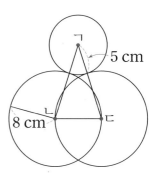

( )

3

원

07-3 **발전** 오른쪽은 크기가 다른 세 원을 그린 후 원의 중심을 이어 삼각형을 만든 것입니다. 삼각형 ㄱㄴㄷ의 세 변의 길이의 합은 몇 cm일까요?

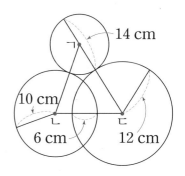

( )

01 오른쪽과 같은 모양을 그리려고 합니다. 컴 퍼스의 침을 꽂아야 할 곳은 모두 몇 군데일 까요?

⊙ 대표 유형 **01**

Tip

원의 중심이 같은 원이 몇 개 인지 찾아봅니다.

풀이

답 _____

02 오른쪽 그림에서 점 ㄴ, 점 ㄷ은 원의 중심 입니다. 선분 ㄱㄷ의 길이는 몇 cm일까요?

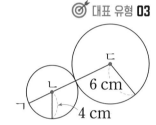

⊙ 대표 유형 **03**

Tip

(선분 ㄱㄷ의 길이)
＝(작은 원의 지름)
　＋(큰 원의 반지름)

풀이

답 _____

03 오른쪽은 직사각형 안에 반지름이 3 cm인 원 6개를 맞닿게 그린 것입니다. 직사각형 의 네 변의 길이의 합은 몇 cm일까요?

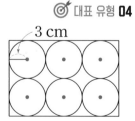

⊙ 대표 유형 **04**

Tip

직사각형의 가로, 세로가 각각 원의 반지름의 몇 배인지 알아 봅니다.

풀이

답 _____

◎ 대표 유형 **05**

04 원의 반지름을 2 cm씩 늘려 가며 원을 그린 것입니다. 선분 ㄱㄴ의 길이는 몇 cm일까요?

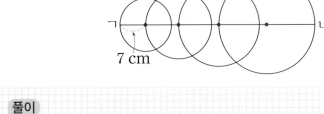

7 cm

풀이

답 _____

Tip
선분 ㄱㄴ의 길이를 구할 때 가장 큰 원의 반지름은 2번 더해야 합니다.

3

원

◎ 대표 유형 **06**

05 반지름이 9 cm인 원을 서로 원의 중심이 지나도록 겹쳐서 그린 모양입니다. 선분 ㄱㄴ의 길이가 144 cm일 때 원을 몇 개 그린 것일까요?

9 cm

풀이

답 _____

Tip
선분 ㄱㄴ의 길이가 원의 반지름의 ■배일 때
(원의 수)=(■−1)개

🎯 대표 유형 **02**

06 오른쪽 그림에서 가장 큰 원의 지름은 40 cm 입니다. 선분 ㄱㄴ의 길이는 몇 cm일까요?

Tip

(선분 ㄱㄴ의 길이)
＝(중간 반원의 반지름)
　＋(가장 작은 반원의 반지름)

풀이

답 _____

🎯 대표 유형 **04**

07 그림과 같이 크기가 같은 원 8개를 맞닿게 그렸습니다. 선분 ㄱㄴ의 길이가 16 cm일 때 초록색 선의 길이의 합은 몇 cm일까요?

Tip

안쪽과 바깥쪽의 초록색 선의 길이를 모두 더해야 합니다.

풀이

답 _____

>> 정답 및 풀이 **26**쪽

08 그림과 같은 규칙으로 반지름이 4 cm인 원을 여러 개 맞닿게 그린 후 원의 중심을 이어 삼각형을 만들었습니다. 여섯째 삼각형의 세 변의 길이의 합은 몇 cm일까요?

Tip

삼각형의 한 변이 원의 반지름의 몇 배인지 규칙을 찾아봅니다.

첫째   둘째   셋째   ...

풀이

답 _____

09 오른쪽은 크기가 다른 세 원을 그린 후 원의 중심을 이어 삼각형을 만든 것입니다. 삼각형 ㄱㄴㄷ의 세 변의 길이의 합이 60 cm일 때 세 원의 반지름의 합은 몇 cm일까요?

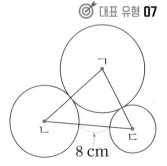

8 cm

Tip

세 점 ㄱ, ㄴ, ㄷ을 원의 중심으로 하는 원의 반지름을 각각 ㉠ cm, ㉡ cm, ㉢ cm라 하여 나타냅니다.

풀이

답 _____

4

분수

분수로 나타내기

분수로 나타내기

- 귤 2개는 귤 8개를 똑같이 4부분으로 나눈 것 중의 1부분이므로 전체의 $\frac{1}{4}$입니다.

- 귤 6개는 귤 8개를 똑같이 4부분으로 나눈 것 중의 3부분이므로 전체의 $\frac{3}{4}$입니다.

분수만큼은 얼마인지 알아보기

- 9의 $\frac{1}{3}$은 3입니다.
  └─ 9를 똑같이 3으로 나눈 것 중의 1

- 9의 $\frac{2}{3}$는 6입니다.
  └─ 9를 똑같이 3으로 나눈 것 중의 2

---

01 그림을 보고 ☐ 안에 알맞은 수를 써넣으세요.

12를 4씩 묶으면 ☐묶음이 됩니다. 8은 4씩 ☐묶음이므로 8은 12의 $\frac{☐}{☐}$입니다.

---

02 그림을 보고 ☐ 안에 알맞은 수를 써넣으세요.

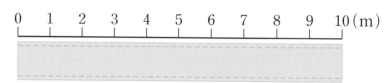

(1) 10 m의 $\frac{1}{5}$은 ☐m입니다.

(2) 10 m의 $\frac{4}{5}$는 ☐m입니다.

>> 정답 및 풀이 **27**쪽

활용 개념 1 분수만큼을 알아보는 문장제

구슬 21개가 있습니다.
전체 구슬의 $\frac{2}{7}$는?

① 전체를 똑같이 7묶음으로 나누었을 때 한 묶음의 수 구하기
→ (한 묶음의 수)$=21 \div 7 = 3$(개)
② 전체 구슬의 $\frac{2}{7}$ 구하기
→ (한 묶음의 수)$\times 2 = 3 \times 2 = 6$(개)

03 지우개 40개가 있습니다. 전체 지우개의 $\frac{3}{8}$은 몇 개일까요?

( )

04 책 54권이 있습니다. 그중 전체 책의 $\frac{5}{9}$가 그림책일 때 그림책은 몇 권일까요?

( )

4

분
수

활용 개념 2 전체 수 구하기

□의 $\frac{1}{4}$은 3입니다.
□는?

□를 똑같이 4로 나눈 것 중의 1은 3입니다.

→ □$=3 \times 4 = 12$

05 □ 안에 알맞은 수를 구하세요.

(1)
□의 $\frac{1}{6}$은 4입니다.

(2)
□의 $\frac{1}{8}$은 9입니다.

( ) ( )

여러 가지 분수

◑ 진분수: $\dfrac{1}{5}$, $\dfrac{2}{5}$, $\dfrac{3}{5}$, $\dfrac{4}{5}$와 같이 분자가 분모보다 작은 분수

◑ 가분수: $\dfrac{5}{5}$, $\dfrac{6}{5}$, $\dfrac{7}{5}$, $\dfrac{8}{5}$과 같이 분자가 분모와 같거나 분모보다 큰 분수

◑ 자연수: 1, 2, 3과 같은 수

◑ 대분수: $1\dfrac{1}{4}$과 같이 자연수와 진분수로 이루어진 분수　예 1과 $\dfrac{1}{4}$ ⎡ 쓰기 $1\dfrac{1}{4}$

　　　　　　　　　　　　　　　　　　　　　　　　　　　　　⎣ 읽기 1과 4분의 1

◑ 대분수는 가분수로, 가분수는 대분수로 나타내기

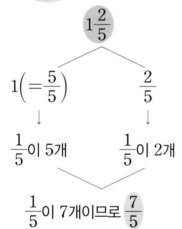

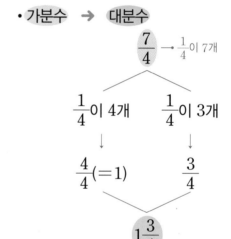

---

01 (　　) 안에 진분수는 '진', 가분수는 '가', 대분수는 '대'라고 써 보세요.

(1) $\dfrac{9}{4}$ → (　　　　　　　)　　　(2) $\dfrac{8}{8}$ → (　　　　　　　)

(3) $\dfrac{2}{6}$ → (　　　　　　　)　　　(4) $3\dfrac{1}{2}$ → (　　　　　　　)

02 대분수는 가분수로, 가분수는 대분수로 나타내 보세요.

(1) $1\dfrac{2}{3}$ → (　　　　　　　)　　　(2) $\dfrac{5}{2}$ → (　　　　　　　)

>> 정답 및 풀이 **27**쪽

활용 개념 1 분모가 ■인 진분수와 가분수 만들기

- 분모가 ■인 진분수는 $\dfrac{1}{■}$, $\dfrac{2}{■}$, ..., $\dfrac{■-1}{■}$ 입니다. → (■−1)개
- 분모가 ■인 가분수는 $\dfrac{■}{■}$, $\dfrac{■+1}{■}$, $\dfrac{■+2}{■}$, ... 입니다. → 셀 수 없이 많습니다.

03 분모가 4인 진분수를 모두 써 보세요.

( )

04 $\dfrac{■}{8}$ 는 가분수입니다. ■가 될 수 있는 수를 모두 고르세요. ⋯⋯⋯⋯⋯ ( )

① 11   ② 4   ③ 8   ④ 7   ⑤ 1

활용 개념 2 자연수를 분수로 나타내기

- 자연수 1을 분수로 나타내기: $1 = \dfrac{2}{2} = \dfrac{3}{3} = \dfrac{4}{4} = \cdots$
- 자연수를 분수로 나타내기
  - 예 2를 분모가 4인 분수로 나타내기
    $1 = \dfrac{4}{4}$ 이므로 $\dfrac{1}{4}$ 이 4개 → 2는 $\dfrac{1}{4}$ 이 8개이므로 $2 = \dfrac{8}{4}$

05 자연수 11을 분모가 7인 분수로 나타내 보세요.

( )

분모가 같은 분수의 크기 비교하기

📜 교과서 개념

● **가분수끼리의 크기 비교**

분자의 크기가 큰 가분수가 더 큽니다.

예 $\frac{11}{5}$과 $\frac{9}{5}$의 크기 비교

$11>9$이므로 $\frac{11}{5}>\frac{9}{5}$입니다.

● **대분수끼리의 크기 비교**

① 자연수의 크기가 큰 대분수가 더 큽니다.
② 자연수의 크기가 같으면 분자의 크기가 큰 대분수가 더 큽니다.

예 $3\frac{2}{3}$와 $5\frac{1}{3}$의 크기 비교

$3<5$이므로 $3\frac{2}{3}<5\frac{1}{3}$입니다.

● **가분수와 대분수의 크기 비교**

가분수 또는 대분수로 나타내 분수의 크기를 비교합니다.

예 $\frac{4}{3}$와 $1\frac{2}{3}$의 크기 비교

방법1 가분수로 비교하기

$1\frac{2}{3}=\frac{5}{3}$ → $\frac{4}{3}<\frac{5}{3}$

→ $\frac{4}{3}<1\frac{2}{3}$

방법2 대분수로 비교하기

$\frac{4}{3}=1\frac{1}{3}$ → $1\frac{1}{3}<1\frac{2}{3}$

→ $\frac{4}{3}<1\frac{2}{3}$

01 그림을 보고 분수의 크기를 비교하여 ◯ 안에 >, =, <를 알맞게 써넣으세요.

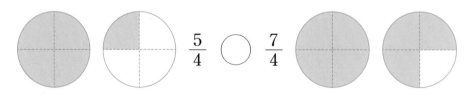

$\frac{5}{4}$ ◯ $\frac{7}{4}$

02 분수의 크기를 비교하여 ◯ 안에 >, =, <를 알맞게 써넣으세요.

(1) $\frac{20}{6}$ ◯ $\frac{23}{6}$

(2) $6\frac{4}{9}$ ◯ $7\frac{1}{9}$

(3) $2\frac{7}{8}$ ◯ $2\frac{5}{8}$

(4) $\frac{19}{5}$ ◯ $3\frac{4}{5}$

활용 개념 1 세 분수의 크기 비교

• 가장 큰 분수 찾기

$$2\frac{1}{3} \qquad 1\frac{1}{3} \qquad \frac{5}{3}$$

가분수와 대분수 중 더 많은 쪽으로 바꾸어 비교합니다.

$$\frac{5}{3}=1\frac{2}{3} \to 2\frac{1}{3}>1\frac{2}{3}>1\frac{1}{3}$$

└─ 가장 큰 분수

03 가장 큰 분수를 찾아 써 보세요.

$$\frac{14}{4} \qquad 2\frac{1}{4} \qquad 3\frac{3}{4}$$

( )

04 가장 작은 분수를 찾아 써 보세요.

$$\frac{18}{5} \qquad 3\frac{1}{5} \qquad \frac{21}{5}$$

( )

4

분수

활용 개념 2 ☐ 안에 들어갈 수 있는 수 구하기

• 가분수끼리의 크기 비교

$$\frac{8}{7}<\frac{\boxed{}}{7}<\frac{11}{7}$$

→ ☐ 안에 들어갈 수 있는 수는 9, 10입니다.

• 대분수끼리의 크기 비교

$$3\frac{2}{7}<\boxed{}\frac{2}{7}<6\frac{2}{7}$$

→ ☐ 안에 들어갈 수 있는 수는 4, 5입니다.

05 ☐ 안에 들어갈 수 있는 수를 모두 써 보세요.

(1)
$$\frac{13}{11}<\frac{\boxed{}}{11}<\frac{16}{11}$$

( )

(2)
$$2\frac{5}{6}<\boxed{}\frac{5}{6}<5\frac{5}{6}$$

( )

처음 물건의 수는 분모, 남은 물건의 수는 분자로 하자.

$$\frac{(\text{남은 달걀의 수})}{(\text{처음 달걀의 수})} = \frac{7}{10}$$

대표 유형 01

주연이는 사탕 24개 중에서 13개를 친구에게 주었습니다. 남은 사탕은 처음에 가지고 있던 사탕의 몇 분의 몇인지 구하세요.

풀이

❶ (처음 사탕의 수)=24개,

(남은 사탕의 수)=24－□=□(개)

❷ $\dfrac{(\text{남은 사탕의 수})}{(\text{처음 사탕의 수})} = \dfrac{\boxed{}}{24}$

답 _____

예제 현빈이는 공책 32권 중에서 17권을 친구에게 주었습니다. 남은 공책은 처음에 가지고 있던 공책의 몇 분의 몇인지 구하세요.

(   )

>> 정답 및 풀이 28쪽

01-1
변형
승준이는 가지고 있던 색종이 53장 중에서 어제는 12장, 오늘은 10장을 사용했습니다. 남은 색종이는 처음에 가지고 있던 색종이의 몇 분의 몇인지 구하세요.

( )

01-2
변형
초콜릿이 19개 있었습니다. 그중 소정이가 5개를 먹고 동생에게 4개를 주었습니다. 남은 초콜릿은 처음에 있던 초콜릿의 몇 분의 몇인지 구하세요.

( )

4

분
수

01-3
변형
다음은 주은이가 딴 감입니다. 그중 10개를 민주에게 주었습니다. 감을 2개씩 묶으면 민주에게 주고 남은 감은 주은이가 딴 감의 몇 분의 몇인지 구하세요.

( )

유형 변형

어떤 수의 분수만큼은 분모로 나누고 분자만큼 곱하자.

➕ **유형 솔루션**

$$10의 \frac{3}{5}은 10 \div 5 = 2 \rightarrow 2 \times 3 = 6입니다.$$

대표 유형

02

민주는 과자 32개를 가지고 있었습니다. 전체 과자의 $\frac{1}{4}$은 동생에게, $\frac{3}{8}$은 언니에게 주었습니다. 민주가 동생과 언니에게 준 과자는 모두 몇 개일까요?

풀이

❶ ┌ 32의 $\frac{1}{4}$은 32 ÷ 4 = ☐입니다. ➡ 동생에게 준 과자 수: ☐개

└ 32의 $\frac{1}{8}$은 32 ÷ 8 = 4이므로 32의 $\frac{3}{8}$은 4 × ☐ = ☐입니다.

➡ 언니에게 준 과자 수: ☐개

❷ (동생과 언니에게 준 과자 수의 합) = 8 + ☐ = ☐(개)

답 _____

예제 ✔ 해수는 연필 42자루를 가지고 있었습니다. 전체 연필의 $\frac{2}{7}$는 지수에게 주고, $\frac{1}{3}$은 서준이에게 주었습니다. 해수가 지수와 서준이에게 준 연필은 모두 몇 자루일까요?

(   )

02-1
변형
은빈이와 정현이는 각각 딸기를 24개씩 가지고 있었습니다. 은빈이는 가지고 있는 딸기의 $\frac{2}{3}$를 먹었고, 정현이는 가지고 있는 딸기의 $\frac{5}{8}$를 먹었습니다. 두 사람 중 딸기를 더 많이 먹은 사람은 누구일까요?

(   )

02-2
변형
오늘 태균이는 영어를 1시간 공부하고 수학을 $\frac{3}{4}$시간 공부했습니다. 오늘 태균이가 영어와 수학을 공부한 시간은 모두 몇 분일까요?

(   )

02-3
발전
주연이네 반 학생은 25명입니다. 전체 반 학생의 $\frac{3}{5}$은 안경을 낀 학생이고, 안경을 낀 학생의 $\frac{1}{3}$은 여학생입니다. 주연이네 반 학생 중 안경을 낀 남학생은 모두 몇 명일까요?

(   )

 어떤 수의 $\dfrac{1}{\blacksquare}$ 을 구한 후 ■를 곱하자.

 어떤 수의 $\dfrac{2}{3}$ 는 8입니다. 어떤 수는?

8		→	4			→	12	

$$\left(\text{어떤 수의 }\dfrac{2}{3}\right)=8 \xrightarrow{\div 2} \left(\text{어떤 수의 }\dfrac{1}{3}\right)=4 \xrightarrow{\times 3} (\text{어떤 수})=4\times3=12$$

대표 유형

03

어떤 수의 $\dfrac{3}{4}$ 은 12입니다. 어떤 수는 얼마일까요?

풀이

❶ $\dfrac{3}{4}$ 은 $\dfrac{1}{4}$ 이 $\boxed{}$ 개이므로 어떤 수의 $\dfrac{1}{4}$ 은 $12\div\boxed{}=\boxed{}$ 입니다.

❷ (어떤 수)$=4\times\boxed{}=\boxed{}$

답 _____

예제 ✔ 어떤 수의 $\dfrac{5}{8}$ 는 40입니다. 어떤 수는 얼마일까요?

(   )

≫ 정답 및 풀이 **29**쪽

03-1 어떤 수의 $\dfrac{4}{11}$ 는 36입니다. 어떤 수의 $\dfrac{1}{9}$ 은 얼마일까요?

변형

(4. 분수 •   )

03-2 어떤 수의 $\dfrac{2}{7}$ 는 6입니다. 어떤 수의 $\dfrac{2}{3}$ 는 얼마일까요?

변형

(   )

03-3 어떤 수의 $\dfrac{11}{15}$ 은 22입니다. 어떤 수의 $1\dfrac{1}{5}$ 은 얼마일까요?

변형

(   )

03-4 ●에 알맞은 수를 구하세요.

발전

> • ■의 $\dfrac{17}{20}$ 은 85입니다.
>
> • ●의 $\dfrac{5}{6}$ 는 ■입니다.

(   )

같은 형태의 분수로 나타내자.

$$\frac{7}{3} \quad ? \quad 1\frac{2}{3}$$

가분수로 비교하기   대분수로 비교하기

$$\frac{7}{3} \; > \; \frac{5}{3} \qquad\qquad 2\frac{1}{3} \; > \; 1\frac{2}{3}$$

대표 유형 04

■에 들어갈 수 있는 자연수를 모두 구하세요.

$$5\frac{■}{12} < \frac{65}{12}$$

풀이

❶ $\dfrac{65}{12} = \boxed{}\dfrac{5}{12}$

❷ $5\dfrac{■}{12} < \boxed{}\dfrac{5}{12}$ 이므로 ■에 들어갈 수 있는 자연수는 $\boxed{}$, $\boxed{}$, $\boxed{}$, $\boxed{}$ 입니다.

답 _____

예제 ■에 들어갈 수 있는 자연수를 모두 구하세요.

$$10\frac{■}{7} > \frac{74}{7}$$

(   )

04-1 ■에 들어갈 수 있는 자연수는 모두 몇 개인지 구하세요.
변형

$$\frac{\blacksquare}{5} < 3\frac{4}{5}$$

( )

04-2 ■에 들어갈 수 있는 자연수 중에서 가장 작은 수를 구하세요.
변형

$$\blacksquare\frac{2}{11} > \frac{90}{11}$$

( )

04-3 ㉠과 ㉡에 공통으로 들어갈 수 있는 자연수는 모두 몇 개인지 구하세요.
발전

$$\frac{㉠}{8} < 1\frac{7}{8}$$

$$\frac{51}{20} < 2\frac{㉡}{20}$$

( )

4

분
수

분모에 놓을 수 카드를 먼저 정하자.

유형 솔루션

2 , 3 , 4 중 2장을 골라 한 번씩만 사용하여 만들 수 있는 분수

분모가 2 인 경우	분모가 3 인 경우	분모가 4 인 경우
$\dfrac{3}{2}$, $\dfrac{4}{2}$	$\dfrac{2}{3}$, $\dfrac{4}{3}$	$\dfrac{2}{4}$, $\dfrac{3}{4}$

대표 유형 05

수 카드 3장 중 2장을 골라 한 번씩만 사용하여 만들 수 있는 진분수를 모두 써 보세요.

3   5   9

풀이

❶ 진분수는 분자가 분모보다 (큰 , 작은) 분수이므로

분모에 놓을 수 있는 수는 ☐, 9입니다.

❷ • 분모가 5인 경우: $\dfrac{\square}{5}$ • 분모가 9인 경우: $\dfrac{\square}{9}$, $\dfrac{\square}{9}$

답 _____

예제 수 카드 3장 중 2장을 골라 한 번씩만 사용하여 만들 수 있는 가분수를 모두 써 보세요.

4   8   6

(   )

>> 정답 및 풀이 **30~31**쪽

05-1 수 카드 3장을 한 번씩 모두 사용하여 만들 수 있는 대분수를 모두 써 보세요.
변형

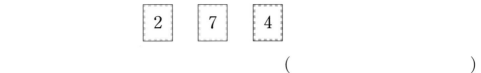

(   )

05-2 수 카드 4장 중에서 3장을 골라 한 번씩만 사용하여 대분수를 만들려고 합니다. 만들
변형 수 있는 분수 중 분모가 8인 가장 작은 대분수를 가분수로 나타내 보세요.

(   )

4

분
수

05-3 수 카드 3장을 한 번씩 모두 사용하여 진분수를 만들려고 합니다. 만들 수 있는 진분
발전 수는 모두 몇 개인지 구하세요.

2   5   6

(   )

조건을 하나씩 만족시키자.

 유형 솔루션

$$\dfrac{1}{4}, \dfrac{2}{4}, \dfrac{3}{4}, \dfrac{4}{4}, \cdots \xrightarrow{\text{진분수}} \dfrac{1}{4}, \dfrac{2}{4}, \dfrac{3}{4} \xrightarrow{\substack{\text{분자가} \\ \text{2보다 크다.}}} \dfrac{3}{4}$$

 대표 유형 **06**

조건 을 만족하는 분수는 모두 몇 개인지 구하세요.

조건
- 분모가 8인 진분수입니다.
- 분자가 3보다 큽니다.

풀이

❶ 분모가 8인 진분수: $\dfrac{\square}{8}, \dfrac{2}{8}, \dfrac{3}{8}, \dfrac{4}{8}, \dfrac{\square}{8}, \dfrac{\square}{8}, \dfrac{\square}{8}$

❷ ❶에서 구한 분수 중 분자가 3보다 큰 분수: $\dfrac{4}{8}, \dfrac{\square}{8}, \dfrac{\square}{8}, \dfrac{\square}{8} \rightarrow \square$ 개

답 _____

예제 조건 을 만족하는 분수는 모두 몇 개인지 구하세요.

조건
- 분모가 12인 가분수입니다.
- 분자가 17보다 작습니다.

(   )

06-1 [조건]을 만족하는 분수는 모두 몇 개인지 구하세요.

변형

> **조건**
> * 분모가 15인 진분수입니다.
> * $\dfrac{4}{15}$보다 큽니다.

(   )

06-2 [조건]을 만족하는 분수는 모두 몇 개인지 구하세요.

변형

> **조건**
> * 분모가 4인 가분수입니다.
> * 2보다 작습니다.

(   )

06-3 [조건]을 만족하는 가분수는 모두 몇 개인지 구하세요.

발전

> **조건**
> * 분모는 5보다 크고 8보다 작습니다.
> * 분자는 3보다 크고 9보다 작습니다.

(   )

분모와 분자의 관계를 표로 나타내자.

유형 솔루션

분모와 분자의 합이 6이고 차가 2인 분수는?

합	6	6	6	6
분모	2	3	4	5
분자	4	3	2	1
차	2	0	2	4

→ $\dfrac{4}{2}, \dfrac{2}{4}$

대표 유형 07

분모와 분자의 합이 12이고 차가 2인 진분수를 구하세요.

풀이

❶ 분모와 분자의 합이 12인 표를 완성하세요.

분모	2	3	4	5	6	7	8	…
분자								…

❷ 분모와 분자의 차가 2인 진분수는 $\dfrac{\square}{\square}$ 입니다.

답 _____

예제 ✔ 분모와 분자의 합이 15이고 차가 5인 진분수를 구하세요.

(   )

07-1
변형

분모와 분자의 합이 34이고 차가 12인 가분수를 구하세요.

(   )

07-2
변형

조건 을 만족하는 분수를 모두 구하세요.

> **조건**
> • 분모와 분자의 합은 11입니다.
> • 분모와 분자의 차는 3입니다.

(   )

07-3
발전

분모와 분자의 합이 230이고 분자가 분모의 2배보다 1만큼 더 작은 가분수를 구하세요.

(   )

분모와 분자의 규칙을 각각 찾자.

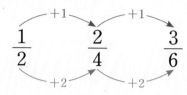

$$\frac{1}{2} \qquad \frac{2}{4} \qquad \frac{3}{6} \qquad \cdots$$

규칙 ┬ 분모: 2부터 2씩 커집니다.
  └ 분자: 1부터 1씩 커집니다.

대표 유형

08

일정한 규칙에 따라 분수를 늘어놓았을 때, 20번째에 놓을 분수를 구하세요.

$$\frac{1}{3}, \ \frac{4}{7}, \ \frac{7}{11}, \ \frac{10}{15}, \ \cdots$$

풀이

❶ 규칙 ┬ 분모: 3부터 □씩 커집니다.

  └ 분자: 1부터 □씩 커집니다.

❷ 20번째에 놓을 분수의 분모는 3부터 4씩 19번 커진 수 → 3+□=□
$\overset{\displaystyle 4 \times 19}{}$

20번째에 놓을 분수의 분자는 1부터 3씩 19번 커진 수 → 1+□=□
$\underset{\displaystyle 3 \times 19}{}$

❸ (20번째에 놓을 분수)=$\dfrac{□}{□}$

답 _____

예제 ✓ 일정한 규칙에 따라 분수를 늘어놓았을 때, 20번째에 놓을 분수를 구하세요.

$$\frac{1}{2}, \ \frac{3}{4}, \ \frac{5}{6}, \ \frac{7}{8}, \ \cdots$$

(   )

>> 정답 및 풀이 **32~33**쪽

08-1
변형

일정한 규칙에 따라 분수를 늘어놓았을 때, 30번째에 놓을 분수를 대분수로 나타내 보세요.

$$\frac{3}{5}, \frac{5}{6}, \frac{7}{7}, \frac{9}{8}, \cdots$$

(   )

08-2
변형

일정한 규칙에 따라 분수를 늘어놓았을 때, 50번째에 놓을 분수를 구하세요.

$$\frac{11}{11}, 1\frac{6}{11}, \frac{23}{11}, 2\frac{7}{11}, \cdots$$

(   )

08-3
발전

일정한 규칙에 따라 분수를 늘어놓았을 때, 23번째에 놓을 분수를 구하세요.

$$\frac{1}{2}, \frac{1}{3}, \frac{2}{3}, \frac{1}{4}, \frac{2}{4}, \frac{3}{4}, \cdots$$

(   )

대표 유형 03

01 ▲에 알맞은 수를 구하세요.

▲의 $\frac{2}{5}$는 14입니다.

Tip

▲의 $\frac{1}{5}$을 먼저 구합니다.

풀이

답 _____

대표 유형 02

02 재홍이는 귤 16개를 가지고 있었습니다. 재홍이는 가지고 있는 귤의 $\frac{3}{8}$을 누나에게 주고 3개를 먹었습니다. 남은 귤은 몇 개일까요?

풀이

답 _____

 **대표 유형 01**

03 복숭아 30개 중에서 6개를 먹고 9개는 이웃집에 나누어 주었습니다. 복숭아 30개를 3개씩 묶으면 남은 복숭아는 처음에 있던 복숭아의 몇 분의 몇인지 구하세요.

Tip

30개를 3개씩 묶으면 몇 묶음이 되는지 알아봅니다.

풀이

답 _____

🎯 대표 유형 **05**

04 수 카드 4장 중에서 3장을 골라 한 번씩만 사용하여 대분수를 만들려고 합니다. 만들 수 있는 분수 중 분모가 5인 가장 큰 대분수를 가분수로 나타내 보세요.

Tip 🔼

대분수는 자연수가 클수록 더 큰 수입니다.

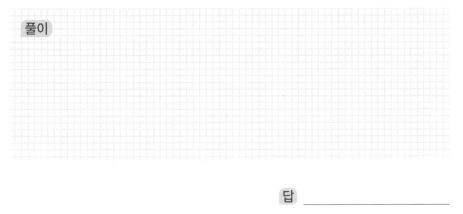

풀이

답 _____

🎯 대표 유형 **03**

05 어떤 수의 $\frac{5}{9}$ 는 30입니다. 어떤 수의 $\frac{5}{3}$ 는 얼마일까요?

풀이

답 _____

🎯 대표 유형 **07**

06 분모와 분자의 합이 16이고 차가 6인 가분수를 대분수로 나타내 보세요.

Tip 🔼

분모와 분자의 관계를 표로 나타내 봅니다.

풀이

답 _____

4

분
수

대표 유형 **06**

07 【조건】을 만족하는 분수는 모두 몇 개인지 구하세요.

> **조건**
> - 분모가 3인 가분수입니다.
> - $3\frac{1}{3}$보다 작습니다.

풀이

답 _____

대표 유형 **04**

08 ■에 들어갈 수 있는 모든 자연수의 합을 구하세요.

$$\frac{45}{19} < \blacksquare \frac{7}{19} < \frac{137}{19}$$

> **Tip**
> 가분수를 대분수로 나타내 분수의 크기를 비교합니다.

풀이

답 _____

@ 대표 유형 **08**

09 일정한 규칙에 따라 분수를 늘어놓았습니다. 20번째에 놓을 분수의 분모와 분자의 차를 구하세요.

$$\frac{1}{3}, \ \frac{6}{5}, \ \frac{11}{7}, \ \frac{16}{9}, \ \cdots$$

풀이

답 _____

@ 대표 유형 **02**

10 떨어진 높이의 $\frac{3}{5}$만큼 튀어 오르는 공이 있습니다. 이 공을 150 cm 의 높이에서 떨어뜨린다면 두 번째로 튀어 오른 공의 높이는 몇 cm 인지 구하세요.

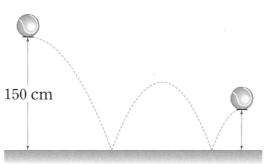

150 cm

Tip

두 번째로 튀어 오른 공의 높이는 첫 번째로 튀어 오른 공의 높이의 $\frac{3}{5}$입니다.

풀이

답 _____

4

분수

5

들이와 무게

들이

● **들이의 단위: 밀리리터(mL), 리터(L)**
└→ 그릇 안에 담을 수 있는 양

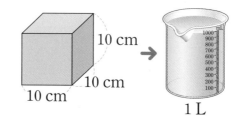

읽기	1 밀리리터	1 리터
쓰기	$1\,mL$	$1\,L$

$$1\,L = 1000\,mL$$

• **1 L 500 mL(1 리터 500 밀리리터): 1 L보다 500 mL 더 많은 들이**
  └→ 1 L 500 mL = 1 L + 500 mL = 1000 mL + 500 mL = 1500 mL

● **들이를 어림하고 재기**

• 들이를 어림하여 말할 때는 약 ☐ L 또는 약 ☐ mL라고 합니다.

---

01 ☐ 안에 알맞은 수를 써넣으세요.

(1) 3 L 200 mL = ☐ mL

(2) 6010 mL = ☐ L ☐ mL

02 ☐ 안에 L와 mL 중 알맞은 들이의 단위를 써넣으세요.

(1) 종이컵의 들이는 약 180 ☐ 입니다.

(2) 냄비의 들이는 약 3 ☐ 입니다.

03 물의 양이 얼마인지 눈금을 읽고 ☐ 안에 알맞은 수를 써넣으세요.

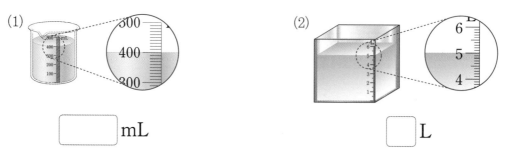

(1) ☐ mL

(2) ☐ L

>> 정답 및 풀이 **35**쪽

활용 개념 **1** 똑같은 물병으로 들이가 더 많은 컵 찾기

똑같은 물병에 물을 가득 채울 때 각 컵으로 부은 횟수가 적을수록 컵의 들이가 더 많습니다.

 =

→ ㉮ 컵의 들이 ㉯ 컵의 들이

04 똑같은 주전자에 물을 가득 채우려면 ㉮ 컵과 ㉯ 컵으로 다음과 같이 각각 부어야 합니다. 들이가 더 많은 컵은 어느 것일까요?

컵	㉮	㉯
부은 횟수	11번	14번

(   )

활용 개념 **2** 단위가 있는 들이 비교

① 큰 단위인 L부터 비교

1 L 200 mL 2 L 200 mL
└── 1 < 2 ──┘

② L가 같으면 mL를 비교

2 L 550 mL 2 L 500 mL
└── 550 > 500 ──┘

05 들이를 비교하여 ◯ 안에 >, =, <를 알맞게 써넣으세요.

(1) 5 L 200 mL ◯ 6 L   (2) 3 L 600 mL ◯ 3 L 60 mL

06 들이가 적은 것부터 차례대로 기호를 써 보세요.

㉠ 7 L 800 mL   ㉡ 8800 mL   ㉢ 8 L 80 mL

(   )

들이의 덧셈과 뺄셈

● 들이의 덧셈

$$
\begin{array}{r}
\overset{1}{} \\
3\,\mathrm{L}\ \boxed{500}\,\mathrm{mL} \\
+\ 1\,\mathrm{L}\ \boxed{800}\,\mathrm{mL} \\
\hline
5\,\mathrm{L}\ \boxed{300}\,\mathrm{mL}
\end{array}
$$

↳ 500+800=1300 (mL)

● 들이의 뺄셈

$$
\begin{array}{r}
\overset{3}{}\ \overset{1000}{} \\
\cancel{4}\,\mathrm{L}\ \boxed{300}\,\mathrm{mL} \\
-\ 2\,\mathrm{L}\ \boxed{600}\,\mathrm{mL} \\
\hline
1\,\mathrm{L}\ \boxed{700}\,\mathrm{mL}
\end{array}
$$

↳ 1000+300−600=700 (mL)

→ 들이의 덧셈과 뺄셈을 할 때는 L는 L끼리, mL는 mL끼리 계산합니다.
   이때, 받아올림과 받아내림이 있을 때는 1 L=1000 mL임을 이용합니다.

01 계산해 보세요.

(1)
$$
\begin{array}{r}
3\,\mathrm{L}\ \ 500\,\mathrm{mL} \\
+\ 4\,\mathrm{L}\ \ 750\,\mathrm{mL} \\
\hline
\end{array}
$$

(2)
$$
\begin{array}{r}
6\,\mathrm{L}\ \ 200\,\mathrm{mL} \\
-\ 4\,\mathrm{L}\ \ 500\,\mathrm{mL} \\
\hline
\end{array}
$$

02 ☐ 안에 알맞은 수를 써넣으세요.

(1) $2300\,\mathrm{mL}+5600\,\mathrm{mL}=\boxed{}\,\mathrm{mL}=\boxed{}\,\mathrm{L}\,\boxed{}\,\mathrm{mL}$

(2) $9000\,\mathrm{mL}-2150\,\mathrm{mL}=\boxed{}\,\mathrm{mL}=\boxed{}\,\mathrm{L}\,\boxed{}\,\mathrm{mL}$

03 두 세제의 들이의 차는 몇 mL일까요?

2 L 600 mL   3 L 100 mL

(   )

활용 개념 **1** ## 단위가 다른 들이를 계산하는 문제

• 두 들이의 차는 몇 L 몇 mL일까요?

| 8500 mL |
| 4 L 300 mL |

① ■ mL를 ● L ▲ mL로 나타냅니다.
→ 8500 mL＝8 L 500 mL
② 8 L 500 mL＞4 L 300 mL이므로 두 들이의 차는
8 L 500 mL－4 L 300 mL＝4 L 200 mL입니다.

04 두 들이의 합은 몇 L 몇 mL일까요?

| 7 L 700 mL | 5400 mL |

(   )

5

들이와 무게

활용 개념 **2** ## 들이를 이용한 문장제

미정이는 2 L짜리 물을 한 통 사서 700 mL를 마셨습니다.
남은 물의 양은 몇 L 몇 mL일까요?

① 구하려는 것: 남은 물의 양
② 주어진 조건: 처음 물의 양(2 L), 마신 물의 양(700 mL)
③ 해결하기: (남은 물의 양)＝(처음 물의 양)－(마신 물의 양)
＝2 L－700 mL＝1 L 300 mL

05 지수는 1 L 500 mL짜리 주스를 한 병 사서 650 mL를 마셨습니다. 남은 주스의 양은 몇 mL일까요?

(   )

06 종서는 따뜻한 물을 만들기 위해 뜨거운 물 3 L 300 mL와 차가운 물 2 L 500 mL를 섞었습니다. 따뜻한 물은 몇 L 몇 mL일까요?

(   )

활용 개념 무게

● **무게의 단위: 그램(g), 킬로그램(kg), 톤(t)**

읽기	1 그램	1 킬로그램	1톤
쓰기	1 g	1 kg	1 t

1 kg = 1000 g
1 t = 1000 kg

• 1 kg 500 g(1 킬로그램 500 그램): 1 kg보다 500 g 더 무거운 무게

└→ 1 kg 500 g = 1 kg + 500 g = 1000 g + 500 g = 1500 g

● **무게를 어림하고 재기**

• 무게를 어림하여 말할 때는 약 ▢ kg 또는 약 ▢ g이라고 합니다.

---

01 ▢ 안에 알맞은 수를 써넣으세요.

(1) 1 kg 250 g = [ ] g

(2) 4800 g = [ ] kg [ ] g

---

02 ▢ 안에 g, kg, t 중 알맞은 무게의 단위를 써넣으세요.

(1) 500원짜리 동전의 무게는 약 8 [ ] 입니다.

(2) 코끼리의 무게는 약 3 [ ] 입니다.

(3) 냉장고의 무게는 약 150 [ ] 입니다.

---

03 물건의 무게는 몇 g 일까요?

(1)

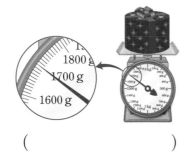

( )

(2)

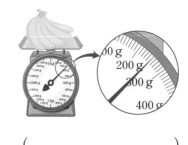

( )

활용 개념 1 **저울과 바둑돌로 더 무거운 물건 찾기**

똑같은 바둑돌로 무게를 비교할 때 바둑돌의 수가 많을수록 더 무거운 물건입니다.

→ 가위의 무게 $<$ 필통의 무게

04 각각의 구슬 무게가 모두 같을 때 복숭아와 사과 중 더 무거운 것을 찾아 써 보세요.

( )

활용 개념 2 **단위가 있는 무게 비교**

① 큰 단위인 kg부터 비교

2 kg 300 g $<$ 3 kg 200 g
└── 2<3 ──┘

② kg이 같으면 g을 비교

2 kg <u>100</u> g $>$ 2 kg <u>10</u> g
└── 100>10 ──┘

05 무게를 비교하여 ◯ 안에 >, =, <를 알맞게 써넣으세요.

(1) 5 kg 80 g ◯ 5 kg 105 g

(2) 6800 g ◯ 6 kg 800 g

06 무거운 것부터 차례대로 기호를 써 보세요.

| ㉠ 900 kg | ㉡ 3600 g | ㉢ 1 t |

( )

활용 개념 무게의 덧셈과 뺄셈

교과서 개념

● 무게의 덧셈

$$
\begin{array}{r}
\overset{1}{}4\,\text{kg}\ \boxed{600}\,\text{g} \\
+\ 2\,\text{kg}\ \boxed{700}\,\text{g} \\
\hline
7\,\text{kg}\ \boxed{300}\,\text{g}
\end{array}
$$
└→ $600+700=1300\,(\text{g})$

● 무게의 뺄셈

$$
\begin{array}{r}
\overset{5}{\cancel{6}}\,\text{kg}\ \boxed{\overset{1000}{}300}\,\text{g} \\
-\ 1\,\text{kg}\ \boxed{500}\,\text{g} \\
\hline
4\,\text{kg}\ \boxed{800}\,\text{g}
\end{array}
$$
└→ $1000+300-500=800\,(\text{g})$

→ 무게의 덧셈과 뺄셈을 할 때는 kg은 kg끼리, g은 g끼리 계산합니다.
이때, 받아올림과 받아내림이 있을 때는 $1\,\text{kg}=1000\,\text{g}$임을 이용합니다.

01 계산해 보세요.

(1)
$$
\begin{array}{r}
1\,\text{kg}\ \ 900\,\text{g} \\
+\ 2\,\text{kg}\ \ 500\,\text{g} \\
\hline
\end{array}
$$

(2)
$$
\begin{array}{r}
8\,\text{kg}\ \ 150\,\text{g} \\
-\ 6\,\text{kg}\ \ 300\,\text{g} \\
\hline
\end{array}
$$

02 ☐ 안에 알맞은 수를 써넣으세요.

(1) $7400\,\text{g}+800\,\text{g}=$ ☐ $\text{g}=$ ☐ kg ☐ g

(2) $5400\,\text{g}-1600\,\text{g}=$ ☐ $\text{g}=$ ☐ kg ☐ g

03 두 사람이 딴 사과의 무게의 합은 몇 kg 몇 g일까요?

내가 딴 사과의 무게는 4 kg 100 g이야.

내가 딴 사과의 무게는 6 kg 50 g이야.

(   )

활용 개념 1 ☐ 안에 알맞은 수 구하기

$$\square \text{g} - 1\,\text{kg}\,100\,\text{g} = 4\,\text{kg}\,300\,\text{g}$$

① ●kg ▲g을 ■g으로 나타냅니다. → 1 kg 100 g=1100 g, 4 kg 300 g=4300 g

② ☐g−1100 g=4300 g이므로
☐g=4300 g+1100 g=5400 g, ☐=5400입니다.

04 ☐ 안에 알맞은 수를 써넣으세요.

(1) ☐ g−2 kg 100 g=7 kg

(2) 5 kg 200 g+☐ g=8 kg 700 g

활용 개념 2 무게를 이용한 문장제

영주는 1 kg의 설탕이 들어 있는 봉지에 600 g의 설탕을 더 담았습니다. 봉지에 들어 있는 설탕은 모두 몇 kg 몇 g일까요?

① 구하려는 것: 봉지에 들어 있는 설탕의 양

② 주어진 조건: 처음 설탕의 양(1 kg), 더 담은 설탕의 양(600 g)

③ 해결하기: (봉지에 들어 있는 설탕의 양)=(처음 설탕의 양)+(더 담은 설탕의 양)
=1 kg+600 g=1 kg 600 g

05 수정이는 5 kg의 귤이 들어 있는 바구니에 4 kg 350 g의 귤을 더 담았습니다. 바구니에 들어 있는 귤은 모두 몇 kg 몇 g일까요?

( )

06 주은이는 14 kg 300 g의 고구마가 들어 있는 상자에서 6 kg 500 g의 고구마를 할머니께 드렸습니다. 상자에 남아 있는 고구마는 몇 kg 몇 g일까요?

( )

실제 값과 어림한 값의 차를 구하자.

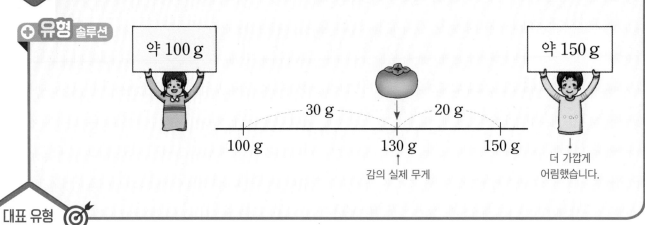

대표 유형 01

실제 무게가 2 kg인 책의 무게에 더 가깝게 어림한 사람은 누구일까요?

> • 혜지: 약 2 kg 100 g
> • 지성: 약 1 kg 800 g

풀이

❶ 2 kg과 어림한 무게의 차가 더 (많은 , 적은) 사람이 더 가깝게 어림한 것입니다.

• 혜지: 2 kg 100 g − 2 kg = ☐ g

• 지성: 2 kg − 1 kg 800 g = ☐ g

❷ 100 g < 200 g이므로 책의 무게에 더 가깝게 어림한 사람은 ☐ 입니다.

답 ＿＿＿＿＿＿＿

예제 실제 무게가 1200 g인 상자의 무게에 더 가깝게 어림한 사람은 누구일까요?

> • 현성: 약 950 g
> • 은비: 약 1500 g

(　　　　)

>> 정답 및 풀이 **36~37**쪽

01-1
(변형)

주연이와 태균이가 가방의 무게를 다음과 같이 어림하였습니다. 가방의 무게에 더 가깝게 어림한 사람은 누구일까요?

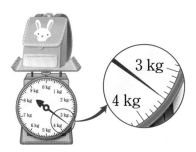

• 주연: 약 4 kg
• 태균: 약 3 kg 100 g

(   )

01-2
(변형)

실제 무게가 9 kg 200 g인 호박의 무게에 가장 가깝게 어림한 사람은 누구일까요?

• 윤하: 약 9 kg 700 g
• 승준: 약 8900 g
• 예서: 약 10200 g

(   )

5

들이와 무게

01-3
(발전)

실제 무게가 450 g인 상자와 1 kg 700 g인 국어사전이 있습니다. 국어사전을 상자 안에 넣었을 때 국어사전이 든 상자의 무게에 가장 가깝게 어림한 사람은 누구일까요?

• 은수: 약 2 kg
• 수빈: 약 1 kg 900 g
• 해성: 약 2450 g

(   )

솔루션

$$
\begin{array}{r}
 \boxed{\bigcirc}\ \text{L} \quad 100\ \text{mL} \\
+\quad 4\ \text{L} \quad \boxed{\bigcirc}\ \text{mL} \\
\hline
5\ \text{L} \quad 500\ \text{mL}
\end{array}
\rightarrow
\begin{array}{r}
\boxed{\bigcirc}\ \text{L} \quad 100\ \text{mL} \\
+\quad 4\ \text{L} \quad 400\ \text{mL} \\
\hline
5\ \text{L} \quad 500\ \text{mL}
\end{array}
\rightarrow
\begin{array}{r}
1\ \text{L} \quad 100\ \text{mL} \\
+\quad 4\ \text{L} \quad 400\ \text{mL} \\
\hline
5\ \text{L} \quad 500\ \text{mL}
\end{array}
$$

$100+\bigcirc=500,\ \bigcirc=400$ $\qquad$ $\bigcirc+4=5,\ \bigcirc=1$

대표 유형 02

덧셈식에서 ㉠, ㉡에 알맞은 수를 각각 구하세요.

$$
\begin{array}{r}
\boxed{\bigcirc}\ \text{L} \quad 700\ \text{mL} \\
+\quad 1\ \text{L} \quad \boxed{\bigcirc}\ \text{mL} \\
\hline
7\ \text{L} \quad 300\ \text{mL}
\end{array}
$$

풀이

❶ mL 단위의 계산: $700+\bigcirc=300$이 되는 ㉡은 없으므로 $700+\bigcirc=1300$입니다.

➡ $\bigcirc=1300-\boxed{}=\boxed{}$

❷ L 단위의 계산: $1+\bigcirc+1=\boxed{}$에서 $2+\bigcirc=\boxed{}$

➡ $\bigcirc=\boxed{}-2=\boxed{}$

답 ㉠: _____, ㉡: _____

예제 ✔ 덧셈식에서 ㉠, ㉡에 알맞은 수를 각각 구하세요.

$$
\begin{array}{r}
8\ \text{L} \quad \boxed{\bigcirc}\ \text{mL} \\
+\quad \boxed{\bigcirc}\ \text{L} \quad 500\ \text{mL} \\
\hline
15\ \text{L} \quad 400\ \text{mL}
\end{array}
$$

㉠ (   ), ㉡ (   )

02-1 빽셈식에서 ㉠, ㉡에 알맞은 수를 각각 구하세요.

변형

$$\begin{array}{r} \boxed{㉠}\,\text{L}\quad 750\ \text{mL} \\ -\quad 6\ \ \text{L}\quad \boxed{㉡}\ \text{mL} \\ \hline 9\ \ \text{L}\quad 600\ \text{mL} \end{array}$$

㉠ (   ), ㉡ (   )

02-2 빽셈식에서 ㉠, ㉡에 알맞은 수를 각각 구하세요.

변형

$$22\,\text{L}\ ㉠\,\text{mL} - ㉡\,\text{L}\ 750\,\text{mL} = 17\,\text{L}\ 300\,\text{mL}$$

㉠ (   ), ㉡ (   )

02-3 같은 기호는 같은 수를 나타냅니다. ㉠, ㉡, ㉢, ㉣에 알맞은 수를 각각 구하세요.

발전

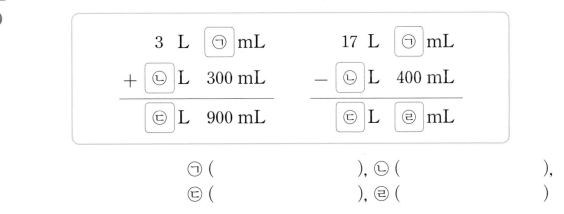

㉠ (   ), ㉡ (   ),
㉢ (   ), ㉣ (   )

전체 무게에서 물건의 무게를 빼자.

⊕ 유형 솔루션

 **−**  **=**

2 kg 500 g　　　　1 kg 500 g　　　　1 kg

대표 유형
03

그림을 보고 빈 상자의 무게는 몇 kg 몇 g인지 구하세요.

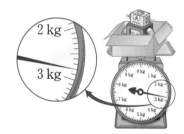 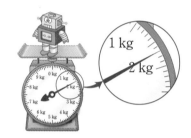

풀이

❶ 장난감이 담긴 상자의 무게: 2 kg 800 g

　장난감의 무게: ☐ kg ☐ g

❷ (빈 상자의 무게)＝(장난감이 담긴 상자의 무게)−(장난감의 무게)

　　　　＝2 kg 800 g−☐ kg ☐ g

　　　　＝☐ kg ☐ g

답 _____

예제 ✓ 그림을 보고 책의 무게는 몇 kg 몇 g인지 구하세요.

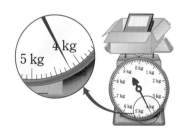 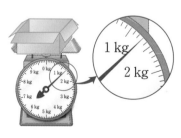

(　　　　　　　　　　　　)

03-1 각각의 배 무게가 모두 같을 때 빈 상자의 무게는 몇 g인지 구하세요.

변형

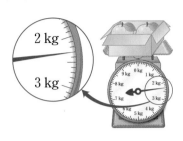 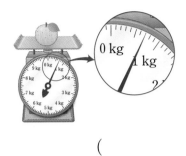

( )

03-2 각각의 복숭아 무게가 모두 같을 때 빈 바구니의 무게는 몇 g인지 구하세요.

변형

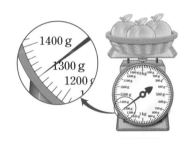 

( )

5

들이와 무게

03-3 각각의 멜론 무게가 모두 같을 때 빈 상자의 무게는 몇 kg 몇 g인지 구하세요.

발전

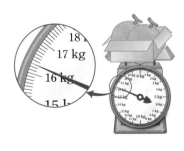 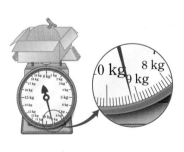

( )

문장 속에서 더하거나 빼는 들이를 찾자.

물병에 물이 1 L 들어 있었습니다. 이 물병에 물 500 mL를 더 담은 후 100 mL를 마셨습니다. 물병에 남아 있는 물은 몇 L 몇 mL일까요?

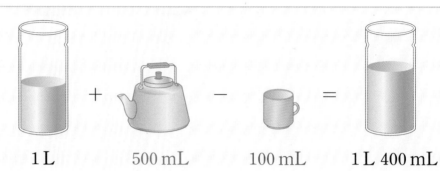

| 1 L | 500 mL | 100 mL | 1 L 400 mL |

대표 유형 04

양동이에 물이 3 L 500 mL 들어 있었습니다. 이 양동이에 민재가 물 2 L 100 mL를 부었고 지현이가 물 800 mL를 부었습니다. 양동이에 들어 있는 물은 몇 L 몇 mL인지 구하세요. (단, 양동이의 물은 넘치지 않습니다.)

풀이

❶ (민재가 부은 후 물의 양)=(처음 물의 양)+(민재가 부은 물의 양)

$$=3 \text{ L } 500 \text{ mL}+\boxed{}\text{ L }\boxed{}\text{ mL}$$

$$=\boxed{}\text{ L }\boxed{}\text{ mL}$$

❷ (양동이에 들어 있는 물의 양)=(민재가 부은 후 물의 양)+(지현이가 부은 물의 양)

$$=\boxed{}\text{ L }\boxed{}\text{ mL}+\boxed{}\text{ mL}$$

$$=\boxed{}\text{ L }\boxed{}\text{ mL}$$

답 _____

예제 들이가 2 L인 물병에 물이 가득 들어 있었습니다. 그중 수빈이가 400 mL를 마셨고 동생이 350 mL를 마셨습니다. 물병에 남아 있는 물은 몇 L 몇 mL인지 구하세요.

( )

04-1
변형

병에 오렌지 주스가 2 L 들어 있었습니다. 이 병에 오렌지 주스 1 L 300 mL를 더 담은 후 500 mL를 마셨습니다. 병에 남아 있는 오렌지 주스는 몇 L 몇 mL인지 구하세요. (단, 병의 오렌지 주스는 넘치지 않습니다.)

(   )

04-2
변형

어항에 물이 5 L 700 mL 들어 있었습니다. 이 어항에서 물 800 mL를 빼낸 후 물 1 L 500 mL를 더 부었습니다. 어항에 들어 있는 물은 몇 L 몇 mL인지 구하세요. (단, 어항의 물은 넘치지 않습니다.)

(   )

5

들이와 무게

04-3
발전

주전자에 물이 1 L 900 mL 들어 있었습니다. 오른쪽 비커에 담긴 물을 주전자에 모두 부은 후 주전자에 들어 있는 물을 들이가 330 mL인 컵에 가득 담아 2번 덜어 내었습니다. 주전자에 남아 있는 물은 몇 L 몇 mL인지 구하세요. (단, 주전자의 물은 넘치지 않습니다.)

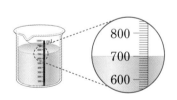

(   )

트럭에 실을 수 있는 무게에서 트럭에 실은 무게를 빼자.

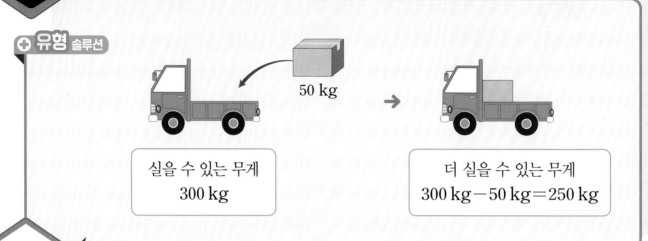

실을 수 있는 무게	더 실을 수 있는 무게
300 kg	300 kg − 50 kg = 250 kg

대표 유형
05

9 t까지 실을 수 있는 트럭에 300 kg짜리 상자 6개를 실었습니다. 트럭에 더 실을 수 있는 무게는 몇 kg인지 구하세요.

풀이

❶ (트럭에 실은 무게)＝(상자의 무게)×(상자 수)

$$= 300 \text{ kg} \times \boxed{} = \boxed{} \text{ kg}$$

❷ (트럭에 더 실을 수 있는 무게)＝(트럭에 실을 수 있는 무게)−(트럭에 실은 무게)

$$= 9 \text{ t} - \boxed{} \text{ kg}$$

$$= 9000 \text{ kg} - \boxed{} \text{ kg} = \boxed{} \text{ kg}$$

답 _____

예제 ✔ 7 t까지 실을 수 있는 트럭에 150 kg짜리 상자 9개를 실었습니다. 트럭에 더 실을 수 있는 무게는 몇 kg인지 구하세요.

( )

>> 정답 및 풀이 **39**쪽

05-1
변형

3 t까지 실을 수 있는 트럭에 480 kg짜리 상자, 170 kg짜리 상자, 700 kg짜리 상자를 각각 1개씩 실었습니다. 트럭에 더 실을 수 있는 무게는 몇 kg인지 구하세요.

(   )

05-2
변형

6 t까지 실을 수 있는 트럭에 300 kg짜리 상자 4개, 550 kg짜리 상자 8개를 실었습니다. 트럭에 더 실을 수 있는 무게는 몇 kg인지 구하세요.

(   )

05-3
변형

5 t까지 실을 수 있는 트럭에 280 kg짜리 상자 5개, 400 kg짜리 상자 4개를 실었습니다. 트럭에 200 kg짜리 상자를 몇 개까지 더 실을 수 있는지 구하세요.

(   )

05-4
발전

각각 2 t까지 실을 수 있는 트럭 3대에 170 kg짜리 상자 10개, 210 kg짜리 상자 8개를 나누어 실었습니다. 트럭 3대에 더 실을 수 있는 무게는 모두 몇 kg인지 구하세요.

(   )

같은 무게가 되는 과일 수를 찾자.

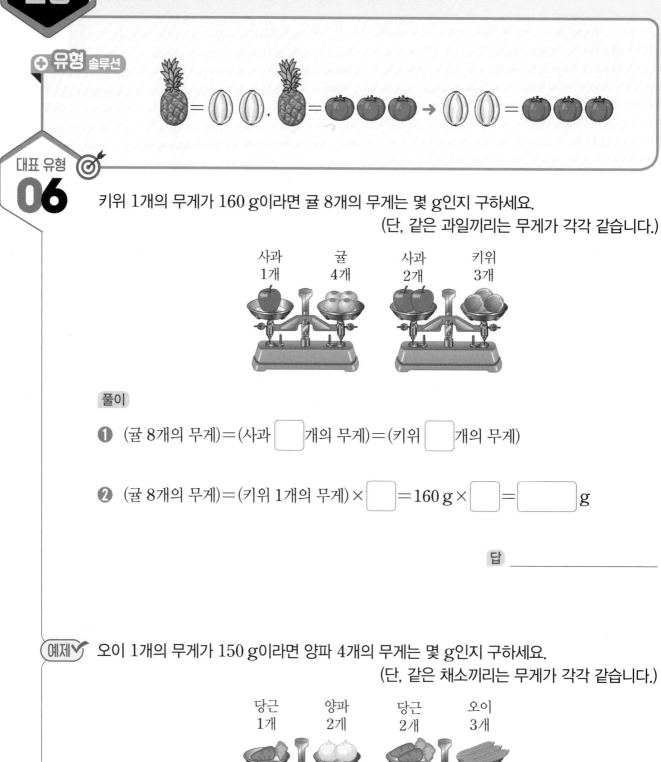

유형 솔루션

대표 유형 06

키위 1개의 무게가 160 g이라면 귤 8개의 무게는 몇 g인지 구하세요.

(단, 같은 과일끼리는 무게가 각각 같습니다.)

사과 1개   귤 4개   사과 2개   키위 3개

풀이

❶ (귤 8개의 무게)=(사과 ☐개의 무게)=(키위 ☐개의 무게)

❷ (귤 8개의 무게)=(키위 1개의 무게)× ☐ =160 g× ☐ = ☐ g

답 _____

예제 오이 1개의 무게가 150 g이라면 양파 4개의 무게는 몇 g인지 구하세요.

(단, 같은 채소끼리는 무게가 각각 같습니다.)

당근 1개   양파 2개   당근 2개   오이 3개

(   )

06-1
풀 1개의 무게가 300 g이라면 가위 1개의 무게는 몇 g인지 구하세요.
(단, 같은 물건끼리는 무게가 각각 같습니다.)

풀 2개 / 필통 1개 / 필통 2개 / 가위 3개

(   )

06-2
빨간색 공 1개의 무게가 420 g이라면 파란색 공 1개의 무게는 몇 g인지 구하세요.
(단, 같은 색 공끼리는 무게가 각각 같습니다.)

빨간색 공 3개 / 노란색 공 2개 / 파란색 공 7개 / 노란색 공 6개

(   )

06-3
야구공 1개와 골프공 3개의 무게가 같고 테니스공 5개와 골프공 6개의 무게가 같습니다. 테니스공 1개의 무게가 54 g일 때 야구공 1개의 무게는 몇 g인지 구하세요.
(단, 같은 공끼리는 무게가 각각 같습니다.)

(   )

1 L를 채우는 데 걸리는 시간을 구하자.

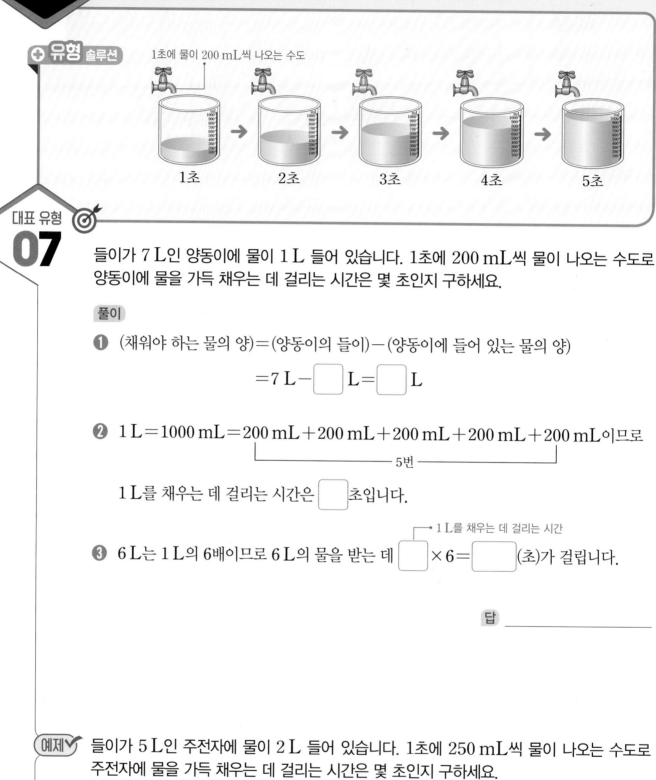

⊕ 유형 솔루션

1초에 물이 200 mL씩 나오는 수도

1초 2초 3초 4초 5초

대표 유형 **07**

들이가 7 L인 양동이에 물이 1 L 들어 있습니다. 1초에 200 mL씩 물이 나오는 수도로 양동이에 물을 가득 채우는 데 걸리는 시간은 몇 초인지 구하세요.

풀이

❶ (채워야 하는 물의 양)=(양동이의 들이)−(양동이에 들어 있는 물의 양)

$$=7\,L-\boxed{}\,L=\boxed{}\,L$$

❷ 1 L=1000 mL=200 mL+200 mL+200 mL+200 mL+200 mL이므로

└─────── 5번 ───────┘

1 L를 채우는 데 걸리는 시간은 $\boxed{}$ 초입니다.

❸ 6 L는 1 L의 6배이므로 6 L의 물을 받는 데 ┌→ 1 L를 채우는 데 걸리는 시간 $\boxed{}$ ×6=$\boxed{}$ (초)가 걸립니다.

답 _____

예제✔ 들이가 5 L인 주전자에 물이 2 L 들어 있습니다. 1초에 250 mL씩 물이 나오는 수도로 주전자에 물을 가득 채우는 데 걸리는 시간은 몇 초인지 구하세요.

( )

>> 정답 및 풀이 **40~41**쪽

07-1 **변형** 1초에 350 mL씩 물이 나오는 (가) 수도와 1초에 150 mL씩 물이 나오는 (나) 수도가 있습니다. (가)와 (나) 수도를 동시에 틀어 들이가 9 L인 수조에 물을 받으려고 합니다. 빈 수조에 물을 가득 채우는 데 걸리는 시간은 몇 초인지 구하세요.

(   )

07-2 **변형** 1초에 420 mL씩 물이 나오는 수도가 있습니다. 이 수도로 1초에 170 mL씩 물이 새는 11 L들이 양동이에 물을 받으려고 합니다. 빈 양동이에 물을 가득 채우는 데 걸리는 시간은 몇 초인지 구하세요.

(   )

07-3 **발전** 3초에 2 L 250 mL씩 물이 나오는 수도가 있습니다. 이 수도로 1초에 350 mL씩 물이 새는 10 L들이 양동이에 물을 받으려고 합니다. 빈 양동이에 물을 가득 채우는 데 걸리는 시간은 몇 초인지 구하세요.

(   )

두 물통에 들어 있는 물의 양의 차를 구하자.

유형 솔루션

(가)   (나)   (가)   (나)

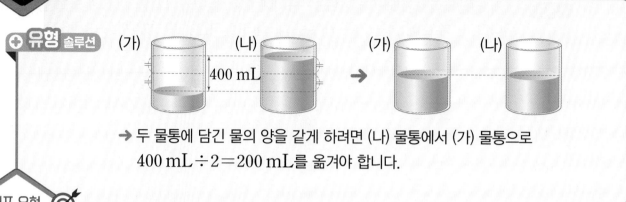

400 mL

→ 두 물통에 담긴 물의 양을 같게 하려면 (나) 물통에서 (가) 물통으로
400 mL÷2=200 mL를 옮겨야 합니다.

대표 유형

08

물이 (가) 물통에는 900 mL, (나) 물통에는 1 L 500 mL 들어 있습니다. 두 물통에 담긴 물의 양을 같게 하려면 (나) 물통에서 (가) 물통으로 물을 몇 mL 옮겨야 하는지 구하세요.

풀이

❶ (두 물통에 들어 있는 물의 양의 차)=((나) 물통의 물의 양)−((가) 물통의 물의 양)

$$=1\,L\,500\,mL-\boxed{}\,mL=\boxed{}\,mL$$

❷ (옮겨야 하는 물의 양)=$\boxed{}$ mL÷2=$\boxed{}$ mL

답 _____

예제 물이 (가) 물통에는 2 L 700 mL, (나) 물통에는 1 L 200 mL 들어 있습니다. 두 물통에 담긴 물의 양을 같게 하려면 (가) 물통에서 (나) 물통으로 물을 몇 mL 옮겨야 하는지 구하세요.

(_____)

08-1
변형

다음과 같이 (가) 수조와 (나) 수조에 물이 들어 있습니다. 두 수조에 담긴 물의 양을 같게 하려면 (나) 수조에서 (가) 수조로 물을 몇 mL 옮겨야 하는지 구하세요.

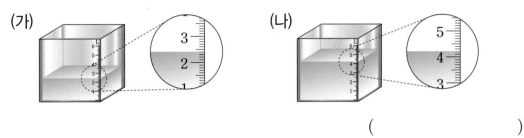

(   )

08-2
변형

물을 혜빈이는 6 L 500 mL, 요한이는 5 L 200 mL 가지고 있었는데 혜빈이는 가지고 있던 물 중에서 900 mL를 사용하였습니다. 두 사람이 가지고 있는 물의 양을 같게 하려면 혜빈이는 요한이에게 물을 몇 mL 주면 될까요?

(   )

08-3
발전

물이 (가) 수조에는 11 L 300 mL, (나) 수조에는 7 L 100 mL 들어 있습니다. (가) 수조에 담긴 물의 양이 (나) 수조에 담긴 물의 양보다 2 L만큼 더 많게 하려면 (가) 수조에서 (나) 수조로 물을 몇 L 몇 mL 옮겨야 하는지 구하세요.

(   )

5

들이와 무게

빼고 남은 과일의 무게를 구하자.

대표 유형
09

조건 을 모두 만족하는 수박 1통의 무게는 몇 kg 몇 g인지 구하세요.

(단, 같은 과일끼리는 무게가 각각 같습니다.)

조건
- 수박 1통과 멜론 3통의 무게의 합은 8 kg 700 g입니다.
- 수박 1통과 멜론 2통의 무게의 합은 7 kg 200 g입니다.

풀이

❶ 　　(수박 1통의 무게)＋(멜론 3통의 무게)＝ 8 kg 700 kg
　－) (수박 1통의 무게)＋(멜론 2통의 무게)＝ 7 kg 200 kg

　　　　　　　(멜론 1통의 무게)＝ ☐ kg ☐ kg

❷ (멜론 2통의 무게)＝1 kg 500 g＋ ☐ kg ☐ g＝ ☐ kg

❸ (수박 1통의 무게)＝(수박 1통과 멜론 2통의 무게의 합)－(멜론 2통의 무게)

＝7 kg 200 g－ ☐ kg＝ ☐ kg ☐ g

답 ＿＿＿＿＿＿＿＿＿＿＿＿＿

예제✔ 조건 을 모두 만족하는 호박 1개의 무게는 몇 kg 몇 g인지 구하세요.

(단, 같은 채소끼리는 무게가 각각 같습니다.)

조건
- 호박 1개와 무 4개의 무게의 합은 13 kg 500 g입니다.
- 호박 1개와 무 3개의 무게의 합은 11 kg 500 g입니다.

(　　　　　　　　　　　　　)

09-1
변형
빨간색 공 2개와 초록색 공 6개의 무게의 합은 1 kg 740 g이고, 빨간색 공 2개와 초록색 공 4개의 무게의 합은 1 kg 240 g입니다. 빨간색 공 1개의 무게는 몇 g인지 구하세요. (단, 같은 색 공끼리는 무게가 각각 같습니다.)

( )

09-2
변형
조건을 모두 만족하는 (가) 상자 1개와 (나) 상자 1개의 무게의 합은 몇 kg 몇 g인지 구하세요. (단, 같은 상자끼리는 무게가 각각 같습니다.)

조건
• (가) 상자 6개와 (나) 상자 4개의 무게의 합은 19 kg 200 g입니다.
• (가) 상자 3개와 (나) 상자 1개의 무게의 합은 6 kg 600 g입니다.

( )

09-3
발전
조건을 모두 만족하는 옥수수 3개와 고구마 4개의 무게의 합은 몇 kg 몇 g인지 구하세요. (단, 같은 종류끼리는 무게가 각각 같습니다.)

조건
• 옥수수 1개와 고구마 3개의 무게의 합은 1 kg 700 g입니다.
• 옥수수 1개와 고구마 1개의 무게의 합은 900 g입니다.

( )

5

들이와 무게

01 🎯 대표 유형 **03**

장희가 강아지를 안고 저울에 올라가면 35 kg 200 g이고 장희만 저울에 올라가면 32 kg 800 g입니다. 강아지의 무게는 몇 kg 몇 g인지 구하세요.

풀이

답 _____

02 🎯 대표 유형 **01**

실제 무게가 2400 g인 국어사전의 무게에 더 가깝게 어림한 사람은 누구일까요?

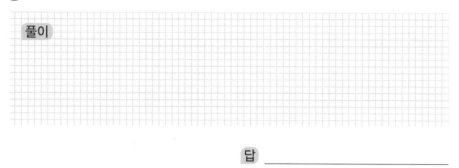

- 수정: 약 2100 g
- 호영: 약 2 kg 900 g

풀이

답 _____

Tip 🔼
실제 무게와 어림한 무게의 차를 구한 후 비교합니다.

03 🎯 대표 유형 **05**

3 t까지 실을 수 있는 트럭에 165 kg짜리 상자 4개를 실었습니다. 트럭에 더 실을 수 있는 무게는 몇 kg인지 구하세요.

풀이

답 _____

Tip 🔼
트럭에 실은 무게를 먼저 구합니다.

@ 대표 유형 **02**

04 뺄셈식에서 ㉠, ㉡에 알맞은 수를 각각 구하세요.

$$
\begin{array}{r}
\boxed{㉠}\ \text{L}\quad 500\ \text{mL} \\
-\quad 1\ \text{L}\quad \boxed{㉡}\ \text{mL} \\
\hline
6\ \text{L}\quad 720\ \text{mL}
\end{array}
$$

Tip ⬆

mL를 계산한 후 L를 계산합니다.

풀이

답 ㉠: _____ , ㉡: _____

@ 대표 유형 **03**

05 각각의 사과 무게가 모두 같을 때 빈 바구니의 무게는 몇 g인지 구하세요.

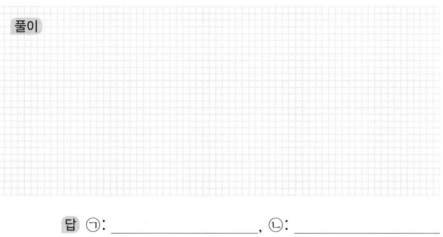

Tip ⬆

사과 1개의 무게를 이용하여 사과 4개의 무게를 먼저 구합니다.

풀이

답 _____

5

들이와 무게

🎯 대표 유형 04

06 들이가 1 L 500 mL인 물병에 물이 가득 들어 있었습니다. 그중 혜정이가 400 mL를 마신 후 동생이 물을 마셨더니 물병에 남은 물은 600 mL입니다. 동생이 마신 물은 몇 mL인지 구하세요.

풀이

답 _____

🎯 대표 유형 06

07 복숭아 3개와 바나나 2개의 무게가 같고 배 2개와 바나나 4개의 무게가 같습니다. 복숭아 1개의 무게가 160 g일 때 배 1개의 무게는 몇 g인지 구하세요. (단, 같은 과일끼리는 무게가 각각 같습니다.)

Tip 🖐
두 번 비교된 과일을 기준으로 계산합니다.

풀이

답 _____

🎯 대표 유형 08

08 포도 주스를 우석이는 5100 mL, 은빈이는 4 L 200 mL 가지고 있었는데 우석이는 가지고 있던 포도 주스 중에서 400 mL를 마셨습니다. 두 사람이 가지고 있는 포도 주스의 양을 같게 하려면 우석이는 은빈이에게 포도 주스를 몇 mL 주면 될까요?

Tip 🖐
우석이가 마시고 남은 포도 주스의 양을 먼저 구합니다.

풀이

답 _____

>> 정답 및 풀이 **44**쪽

🎯 대표 유형 **07**

09 1초에 220 mL의 물이 나오는 (가) 수도와 1초에 150 mL씩 물이 나오는 (나) 수도가 있습니다. (가)와 (나) 수도를 동시에 틀어 2초에 240 mL씩 물이 새는 3 L들이 수조에 물을 받으려고 합니다. 빈 수조에 물을 가득 채우는 데 걸리는 시간은 몇 초인지 구하세요.

Tip

1초 동안 수조에 채울 수 있는 물의 양을 먼저 구합니다.

풀이

답 _____

5

들이와 무게

🎯 대표 유형 **09**

10 조건 을 모두 만족하는 고구마 4개와 감자 3개의 무게의 합은 몇 kg 몇 g인지 구하세요.
(단, 같은 종류끼리는 무게가 각각 같습니다.)

Tip

감자 1개의 무게를 먼저 구합니다.

조건
• 고구마 3개와 감자 9개의 무게의 합은 4 kg 560 g입니다.
• 고구마 3개와 감자 5개의 무게의 합은 3 kg 120 g입니다.

풀이

답 _____

6

자료와 그림그래프

그림그래프 알아보기

● 그림그래프: 알려고 하는 수(조사한 수)를 그림으로 나타낸 그래프

좋아하는 과일별 학생 수

과일	학생 수
딸기	😊 😊 😊
수박	😊 😊 😊 😊 😊 😊
귤	😊 😊

😊 10명
😊 1명

• 😊은 10명, 😊은 1명을 나타냅니다.

• 귤을 좋아하는 학생은 😊이 1개, 😊이 1개이므로 11명입니다.

[01~03] 지수네 반 학생들이 좋아하는 계절을 조사하여 나타낸 그림그래프입니다. 물음에 답하세요.

좋아하는 계절별 학생 수

계절	학생 수
봄	😊 😊
여름	😊 😊 😊 😊 😊 😊
가을	😊 😊 😊
겨울	😊 😊 😊

😊 10명
😊 1명

01 😊과 😊은 각각 몇 명을 나타낼까요?

😊 (   ), 😊 (   )

02 겨울을 좋아하는 학생은 몇 명일까요?

(   )

03 3명이 좋아하는 계절은 언제일까요?

(   )

활용 개념 1 그림그래프에서 수량 비교하기

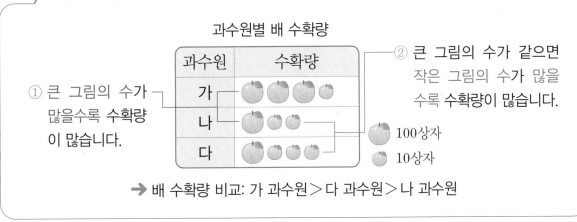

과수원별 배 수확량

① 큰 그림의 수가 많을수록 수확량이 많습니다.

② 큰 그림의 수가 같으면 작은 그림의 수가 많을수록 수확량이 많습니다.

→ 배 수확량 비교: 가 과수원 > 다 과수원 > 나 과수원

[04~07] 어느 마을의 과수원별 사과 수확량을 조사하여 나타낸 그림그래프입니다. 물음에 답하세요.

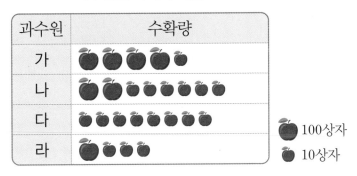

과수원별 사과 수확량

04 그림 🍎와 🍎는 각각 몇 상자를 나타낼까요?

🍎 (   ), 🍎 (   )

05 사과 수확량이 가장 많은 과수원은 어디일까요?

(   )

06 사과 수확량이 가장 적은 과수원은 어디일까요?

(   )

07 사과 수확량이 라 과수원의 수확량의 2배인 과수원은 어디일까요?

(   )

6

자료와 그림그래프

그림그래프로 나타내기

교과서 개념

● 표를 보고 그림그래프로 나타내기

표

좋아하는 과목별 학생 수

과목	국어	수학	영어	합계
학생 수(명)	6	12	9	27

〈그림그래프로 나타내는 방법〉
① 그림의 종류를 몇 가지로 할지 정하기
② 어떤 그림으로 나타낼지 정하기
③ 각 그림이 나타내는 수 정하기

그림그래프 1

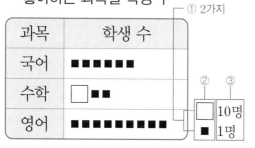

그림그래프 2

01 현석이네 반 학생들이 좋아하는 운동을 조사하여 나타낸 표입니다. 표를 보고 그림그래프로 나타내 보세요.

좋아하는 운동별 학생 수

운동	농구	축구	야구	배구	합계
학생 수(명)	4	8	5	3	20

좋아하는 운동별 학생 수

운동	학생 수
농구	
축구	
야구	
배구	

◎ 5명
○ 1명

>> 정답 및 풀이 45쪽

활용 개념 1 큰 그림과 작은 그림이 나타내는 수 구하기

좋아하는 음식별 학생 수

음식	피자	떡볶이	치킨	합계
학생 수(명)	③	⑪	12	26

좋아하는 음식별 학생 수

음식	학생 수
피자	☺ ☺ ☺
떡볶이	☺ ☺
치킨	☺ ☺ ☺

☺ ?명
☺ ?명

▶ 피자에서 ☺ 3개가 3명이므로
그림 ☺은 3÷3=1(명)을 나타냅니다.

▶ 떡볶이에서 ☺ 1개와 ☺ 1개
가 11명이므로 그림 ☺은
11−1=10(명)을 나타냅니다.

[02~04] 혜빈이네 반 학생들이 좋아하는 색깔을 조사하여 나타낸 표와 그림그래프입니다. 물음에 답하세요.

좋아하는 색깔별 학생 수

색깔	학생 수(명)
빨간색	4
노란색	9
초록색	
파란색	3
합계	22

좋아하는 색깔별 학생 수

색깔	학생 수
빨간색	☺ ☺ ☺ ☺
노란색	☺ ☺ ☺ ☺ ☺
초록색	
파란색	

☺ ☐ 명 ☺ ☐ 명

02 초록색을 좋아하는 학생은 몇 명일까요?

(   )

03 그림 ☺와 ☺는 각각 몇 명을 나타낼까요?

☺ (   ), ☺ (   )

04 그림그래프를 완성해 보세요.

표로 먼저 자료를 정리하자.

구매한 쿠키

→

구매한 쿠키 수

종류	쿠키 수(개)
◉	4
▨	5
합계	9

→

구매한 쿠키 수

종류	쿠키 수
◉	○○○○
▨	◎

◎ 5개 ○ 1개

대표 유형 01

주성이네 반 학생들이 현장 학습으로 가고 싶은 장소를 조사하였습니다. 조사한 자료를 표와 그림그래프로 나타내 보세요.

가고 싶은 장소

과학관	미술관	놀이공원

가고 싶은 장소별 학생 수

장소	학생 수(명)
과학관	
미술관	
놀이공원	
합계	

가고 싶은 장소별 학생 수

장소	학생 수
과학관	
미술관	
놀이공원	

◎ 5명 ○ 1명

풀이

❶ 장소별로 수를 세어 봅니다.

과학관: 4명, 미술관: ☐명, 놀이공원: 10명

→ 합계: 4+☐+10=☐(명)

❷ 조사한 자료를 표로 나타냅니다.

❸ ◎은 ☐명, ○은 ☐명으로 하여 표를 그림그래프로 나타냅니다.

예제✔ 승수네 학교 체육관에 있는 공을 조사하였습니다. 조사한 자료를 표와 그림그래프로 나타
내 보세요.

종류별 공 수

종류	공 수(개)
야구공	
축구공	
농구공	
합계	

종류별 공 수

종류	공 수
야구공	
축구공	
농구공	

◎ 5개
○ 1개

6

자료와 그림그래프

01-1 주연이네 반 학생들이 좋아하는 빵을 두 가지씩 조사하였습니다. 조사한 자료를 표와
변형 그림그래프로 나타내 보세요.

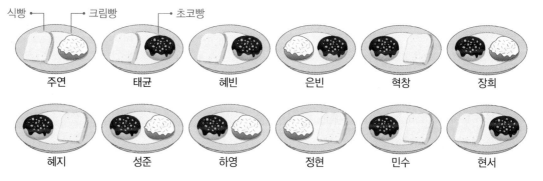

좋아하는 빵별 학생 수

빵	학생 수(명)
식빵	
크림빵	
초코빵	

좋아하는 빵별 학생 수

빵	학생 수
식빵	
크림빵	
초코빵	

◎ 10명
△ 5명
○ 1명

필요한 항목의 그림이 나타내는 수를 알아보자.

유형 솔루션

좋아하는 동물별 학생 수

동물	학생 수
🐰	😊 😊 😊
🐱	😊 😊 😊 😊 😊

21명 ←
5명 ←

😊 10명
😊 1명

🐰 + 🐱 = 21 + 5 = 26(명)

🐰 - 🐱 = 21 - 5 = 16(명)

대표 유형 02

현성이네 반 학생들의 혈액형을 조사하여 나타낸 그림그래프입니다. A형인 학생과 O형인 학생은 모두 몇 명인지 구하세요.

혈액형별 학생 수

혈액형	학생 수
A형	😊 😊
B형	😊 😊 😊 😊 😊 😊
AB형	😊
O형	😊 😊 😊

😊 10명
😊 1명

풀이

❶ 그림그래프에서 그림 😊은 ☐명, 그림 😊은 ☐명을 나타냅니다.

❷ A형: 😊 1개, 😊 1개 → ☐명, O형: 😊 3개 → 3명

❸ (A형인 학생과 O형인 학생 수의 합) = ☐ + 3 = ☐(명)

답 _____

예제 위 대표 유형 **02**에서 B형인 학생과 AB형인 학생은 모두 몇 명인지 구하세요.

(   )

>> 정답 및 풀이 46~47쪽

02-1 변형 오른쪽은 은수네 반 학급 문고에 있는 책의 종류를 조사하여 나타낸 그림그래프입니다. 소설책과 역사책 수의 차는 몇 권인지 구하세요.

종류별 책 수

종류	책 수
동화책	
소설책	
그림책	
역사책	

10권 1권

(   )

02-2 변형 오른쪽은 어느 아파트의 동별 자동차 수를 조사하여 나타낸 그림그래프입니다. 가장 많은 자동차가 있는 동과 가장 적은 자동차가 있는 동의 자동차 수의 차는 몇 대인지 구하세요.

동별 자동차 수

아파트 동	자동차 수
101동	
102동	
103동	
104동	

10대 1대

(   )

6

자료와 그림그래프

02-3 발전 오른쪽은 지현이네 학교 3학년의 안경을 쓴 학생 수를 반별로 조사하여 나타낸 그림그래프입니다. 3학년 학생 중 안경을 쓴 학생은 모두 몇 명인지 구하세요.

반별 안경 쓴 학생 수

반	학생 수
1반	
2반	
3반	
4반	

10명 1명

(   )

전체에서 알고 있는 정보를 빼자.

지은이가 가진 학용품 수

종류	학용품 수
연필	📦📦📦📦
볼펜	?

📦10자루
📦1자루

지은이가 가진 연필과 볼펜 수의 합은 30자루입니다.

→ (지은이가 가진 볼펜의 수)
  =30−22=8(자루)

대표 유형 03

과수원별 감 수확량을 조사하여 나타낸 그림그래프입니다. 세 과수원의 감 수확량의 합이 940상자일 때 나 과수원이 수확한 감은 몇 상자인지 구하세요.

과수원별 감 수확량

과수원	수확량
가	🍅🍅🍅🍅🍅
나	
다	🍅🍅🍅

🍅100상자
🍅10상자

풀이

❶ 그림그래프에서 그림 🍅은 [ ]상자, 그림 🍅은 [ ]상자를 나타냅니다.

❷ 가 과수원: [ ]상자, 다 과수원: 300상자

❸ (나 과수원의 감 수확량)=940−[ ]−300=[ ](상자)

답 _____

예제 오른쪽은 수연이네 반 학생 24명이 배우고 싶은 악기를 조사하여 나타낸 그림그래프입니다. 기타를 배우고 싶은 학생은 몇 명인지 구하세요.

배우고 싶은 악기별 학생 수

악기	학생 수
피아노	😊😊😊😊
플루트	😊😊😊😊
기타	

😊5명 😊1명

( )

>> 정답 및 풀이 47쪽

03-1 변형

오른쪽은 김밥 가게에서 하루 동안 팔린 김밥 수를 조사하여 나타낸 그림그래프입니다. 이날 판매한 김밥은 모두 810줄일 때 판매한 참치 김밥은 몇 줄인지 구하세요.

(   )

하루 동안 팔린 김밥 수

종류	김밥 수
치즈	
소고기	
돈가스	
참치	

🟦 100줄   ▪ 10줄

03-2 변형

오른쪽은 수빈이네 학교 3학년 학생 90명이 좋아하는 운동을 조사하여 나타낸 그림그래프입니다. 농구를 좋아하는 학생은 배구를 좋아하는 학생보다 2명 더 많을 때 축구를 좋아하는 학생은 몇 명인지 구하세요.

(   )

좋아하는 운동별 학생 수

운동	학생 수
야구	
축구	
배구	
농구	

😊 10명   😊 1명

03-3 발전

오른쪽은 서준이네 반 학생 25명이 가고 싶은 장소를 조사하여 나타낸 그림그래프입니다. 놀이공원에 가고 싶은 학생 수가 박물관에 가고 싶은 학생 수의 3배일 때 스키장에 가고 싶은 학생은 몇 명인지 구하세요.

(   )

가고 싶은 장소별 학생 수

장소	학생 수
놀이공원	
박물관	
미술관	
스키장	

😊 5명   😊 1명

6

자료와 그림그래프

가지고 있는 정보를 주고받자.

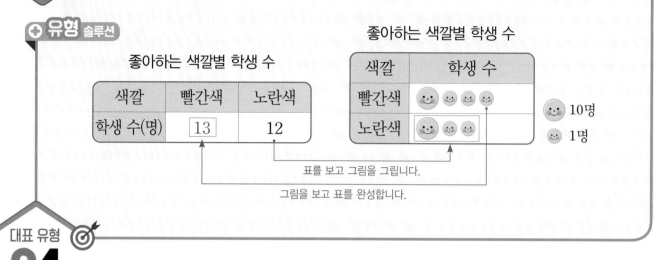

좋아하는 색깔별 학생 수

색깔	빨간색	노란색
학생 수(명)	13	12

좋아하는 색깔별 학생 수

색깔	학생 수
빨간색	😊 😊 😊 😊
노란색	😊 😊 😊

😊 10명
😊 1명

표를 보고 그림을 그립니다.
그림을 보고 표를 완성합니다.

대표 유형 04

가게별 빵 판매량을 조사하여 나타낸 것입니다. 표와 그림그래프를 완성해 보세요.

가게별 빵 판매량

가게	가	나	다	합계
판매량(개)		310		700

가게별 빵 판매량

가게	판매량
가	◎○○○○○
나	
다	

◎ 100개
○ 10개

풀이

❶ 그림그래프에서 그림 ◎은 [ ]개, 그림 ○은 [ ]개를 나타내므로

(가 가게의 빵 판매량)=[ ]개입니다.

❷ (다 가게의 빵 판매량)=700−[ ]−310=[ ](개)

❸ 위 표와 그림그래프를 완성합니다.

예제✔ 주영이네 학교 3학년 반별 학생 수를 조사하여 나타낸 것입니다. 표와 그림그래프를 완성해 보세요.

반별 학생 수

반	학생 수(명)
1반	21
2반	
3반	23
합계	

반별 학생 수

반	학생 수
1반	
2반	◎◎○○○○
3반	

◎ 10명 ○ 1명

04-1
변형 어느 꽃 가게에서 하루 동안 판매한 종류별 꽃 수를 조사하여 나타낸 것입니다. 표와 그림그래프를 완성해 보세요.

종류별 꽃 판매량

종류	판매량(송이)
장미	51
튤립	
국화	33
해바라기	
합계	165

종류별 꽃 판매량

종류	판매량
장미	
튤립	◎◎◎◎◎◎
국화	
해바라기	

◎ 10송이 ○ 1송이

04-2
변형 어느 모자 가게에서 일주일 동안 판매한 색깔별 모자 수를 조사하여 나타낸 것입니다. 검은색 모자와 흰색 모자의 판매량이 같을 때 표와 그림그래프를 완성해 보세요.

색깔별 모자 판매량

색깔	판매량(개)
빨간색	
파란색	
흰색	320
검은색	
합계	830

색깔별 모자 판매량

색깔	판매량
빨간색	○○○○○○○
파란색	
흰색	
검은색	

◎ 100개 ○ 10개

6
자료와 그림그래프

주어진 정보를 찾자.

유형 솔루션

좋아하는 운동별 학생 수

운동	학생 수
🏀	😊 😊 😊 😊
⚽	?
🎾	?

22명 ←
■명 ←
■명 ←

😊 10명
😊 1명

조사한 학생 수는 50명이고, 축구를 좋아하는 학생 수와 야구를 좋아하는 학생 수는 같습니다.

$22 + ■ + ■ = 50 → ■ = 14$

대표 유형 05

주성이네 학교 학생 300명이 배우고 싶은 외국어를 조사하여 나타낸 그림그래프입니다. 영어를 배우고 싶은 학생 수와 프랑스어를 배우고 싶은 학생 수가 같을 때 그림그래프를 완성해 보세요.

배우고 싶은 외국어별 학생 수

외국어	학생 수
영어	
프랑스어	
중국어	○○○○

◎ 100명
○ 10명

풀이

❶ 그림그래프에서 그림 ○은 [ ]명을 나타내므로

(중국어를 배우고 싶은 학생 수)=[ ]명입니다.

❷ 영어와 프랑스어를 배우고 싶은 학생 수를 각각 ■명이라 하면

■+■=(전체 학생 수)−(중국어를 배우고 싶은 학생 수)

=$300 -$ [ ] $-$ [ ]

❸ ■=[ ]÷2=[ ]

→ (영어를 배우고 싶은 학생 수)=(프랑스어를 배우고 싶은 학생 수)=[ ]명

❹ 위 그림그래프를 완성합니다.

>> 정답 및 풀이 **49~50**쪽

예제✔ 오른쪽은 정성이네 반 학생 28명이 좋아하는 올림픽 경기 종목을 조사하여 나타낸 그림그래프입니다. 양궁을 좋아하는 학생 수는 태권도를 좋아하는 학생 수와 같을 때 그림그래프를 완성해 보세요.

좋아하는 올림픽 경기 종목별 학생 수

종목	학생 수
양궁	
축구	○○○○○○○○
태권도	

◎5명 ○1명

05-1
변형 오른쪽은 민성이네 학교 학생 중 50명이 좋아하는 채소를 조사하여 나타낸 그림그래프입니다. 오이를 좋아하는 학생은 당근을 좋아하는 학생보다 6명 더 많을 때 당근을 좋아하는 학생은 몇 명인지 구하세요.

좋아하는 채소별 학생 수

채소	학생 수
오이	
호박	😊 😊
당근	
시금치	😊 😊 😊 😊 😊

😊10명 😊1명

(   )

05-2
변형 오른쪽은 과수원별 복숭아 수확량을 조사하여 나타낸 그림그래프입니다. 네 과수원의 복숭아 수확량의 합은 920상자이고 다 과수원의 복숭아 수확량은 가 과수원의 복숭아 수확량의 2배일 때 가 과수원에서 수확한 복숭아는 몇 상자인지 구하세요.

과수원별 복숭아 수확량

과수원	수확량
가	
나	🍎🍎🍎🍎🍎🍎🍎
다	
라	🍎🍎🍎🍎

🍎100상자 🍎10상자

(   )

같은 항목의 정보를 이용하자.

메뉴판

🍲 1만 원

🍛 2만 원

메뉴별 음식 판매량

메뉴	판매량
🍲	🥣 🥣 🥣
🍛	🥣 🥣 🥣

🥣 10개
🥣 1개

(🍛를 판매하여 얻은 금액)＝2×30＝60(만 원)

가격 ┘ └ 돈까스 판매량

대표 유형 06

어느 쌀 가게의 가격표와 일주일 동안의 종류별 쌀 판매량을 조사하여 나타낸 그림그래프입니다. 일주일 동안 백미를 판매하여 얻은 금액은 얼마인지 구하세요.

10 kg 기준 쌀 가격표

백미	현미	흑미
3만 원	2만 원	4만 원

종류별 쌀 판매량

종류	판매량
백미	🌾 🌾 🌾 🌾
현미	🌾 🌾 🌾 🌾
흑미	🌾 🌾

🌾 50 kg   🌾 10 kg

풀이

❶ 쌀 가격표에서 10 kg 기준 백미는 ☐만 원입니다.

❷ 그림그래프에서 일주일 동안 판매한 백미는 ☐ kg입니다.

❸ 130 kg은 10 kg의 ☐배이므로

(백미를 판매하여 얻은 금액)＝3×☐＝☐(만 원)입니다.

답 _____

예제✔ 위 대표 유형 06에서 일주일 동안 흑미를 판매하여 얻은 금액은 얼마인지 구하세요.

(_____)

>> 정답 및 풀이 **50**쪽

06 - 1
변형

어느 선물 가게에서 판매하는 물건의 가격과 일주일 동안의 종류별 물건 판매량을 조사하여 나타낸 그림그래프입니다. 일주일 동안 축구공과 비행기 모형을 판매하여 얻은 금액은 모두 얼마인지 구하세요.

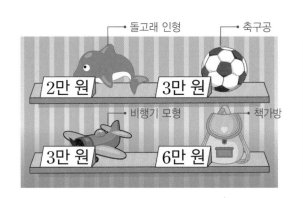

종류별 물건 판매량

종류	판매량
돌고래 인형	♥♥♥♥♥♥
축구공	♥♥♥♥♥♥
비행기 모형	♥♥♥
책가방	♥♥

♥10개　♥1개

(　　　　　　　　　　)

06 - 2
발전

하늘 놀이공원의 입장료 안내판과 혜수네 학교 3학년 반별 학생 수를 조사하여 나타낸 그림그래프입니다. 3학년 2반 학생의 입장료의 합은 84만 원입니다. 물음에 답하세요. (단, 선생님은 성인, 초등학생은 어린이입니다.)

하늘 놀이공원 입장료

성인	청소년	어린이
6만 원	5만 원	4만 원

반별 학생 수

반	학생 수
1반	☺☺☺☺☺
2반	
3반	☺☺
4반	☺☺☺☺☺☺

☺10명　☺1명

(1) 혜수네 학교 3학년 2반 학생은 몇 명인지 구하세요.

(　　　　　　　　　　)

(2) 하늘 놀이공원에 3학년 전체 학생과 선생님 4명이 함께 입장한다면 입장료는 모두 얼마인지 구하세요.

(　　　　　　　　　　)

01 소연이네 반 학생들이 좋아하는 과일을 조사하였습니다. 조사한 자료를 표와 그림그래프로 나타내 보세요.

🎯 대표 유형 **01**

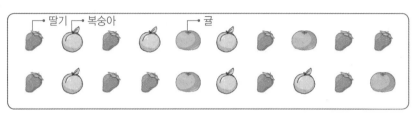

좋아하는 과일별 학생 수

과일	학생 수(명)
딸기	
복숭아	
귤	
합계	

좋아하는 과일별 학생 수

과일	학생 수
딸기	
복숭아	
귤	

◎ 5명　○ 1명

풀이

🎯 대표 유형 **02**

02 지현이네 학교 수학 경시대회에 참가한 3학년 학생 수를 반별로 조사하여 나타낸 그림그래프입니다. 3학년 학생 중 수학 경시대회에 참가한 학생은 모두 몇 명인지 구하세요.

수학 경시대회에 참가한 학생 수

반	학생 수
1반	😊😊😊😊😊😊
2반	😊😊😊😊
3반	😊😊😊😊😊

😊 10명
😊 1명

풀이

답 _____

03 대표 유형 **06**

어느 박물관의 입장료 안내판과 오전 방문객 수를 조사하여 나타낸 그림그래프입니다. 오전에 방문한 어린이의 입장료는 모두 얼마인지 구하세요.

Tip
어린이에 해당하는 정보를 모두 찾습니다.

박물관 입장료

성인	청소년	어린이
3000원	1500원	800원

박물관의 오전 방문객 수

구분	방문객 수
성인	😊😊😊😊😊😊
청소년	😊😊😊😊😊
어린이	😊😊😊😊😊

😊 5명   😊 1명

풀이

답 _____

04 🎯 대표 유형 **03**

어느 미술관에 전시된 미술 작품 60점을 층별로 조사하여 나타낸 그림그래프입니다. 3층에 전시된 작품 수가 1층에 전시된 작품 수의 $\frac{1}{3}$일 때 2층에 전시된 작품은 몇 점인지 구하세요.

층별 미술 작품 수

층	작품 수
1층	🖼🖼🖼🖼🖼🖼
2층	
3층	
4층	🖼🖼🖼🖼🖼🖼

🖼 10점
🖼 1점

풀이

답 _____

🎯 대표 유형 **06**

05 어느 선물 가게에서 판매하는 물건의 가격과 일주일 동안의 종류별 물건 판매량을 조사하여 나타낸 그림그래프입니다. 일주일동안 곰 인형과 필통을 판매하여 얻은 금액은 모두 얼마인지 구하세요.

Tip 👆

각 물건의 가격의 합을 먼저 구합니다.

종류별 물건 판매량

종류	판매량
가방	🖤🖤🖤
곰 인형	🖤🖤🖤❤
필통	🖤🖤🖤🖤🖤🖤

🖤 10개　❤ 1개

> 풀이

답 _____

🎯 대표 유형 **05**

06 현수네 학교 학생 중 70명이 좋아하는 민속놀이를 조사하여 나타낸 그림그래프입니다. 팽이치기를 좋아하는 학생은 연날리기를 좋아하는 학생보다 9명 더 적을 때 팽이치기를 좋아하는 학생은 몇 명인지 구하세요.

좋아하는 민속놀이별 학생 수

민속놀이	학생 수
연날리기	
팽이치기	
제기차기	😊😊😊😊

😊 10명

😊 1명

> 풀이

답 _____

◎ 대표 유형 04

07 어느 슈퍼마켓에서 일주일 동안 팔린 맛별 과자 수를 조사하여 나타낸 것입니다. 바나나 맛 과자 판매량은 옥수수 맛 과자 판매량의 2배일 때 표와 그림그래프를 완성해 보세요.

Tip ↑
그림그래프를 보고 표의 빈칸을 먼저 채웁니다.

맛별 과자 판매량

맛	판매량(개)
감자 맛	
바나나 맛	
옥수수 맛	80
새우 맛	
합계	650

맛별 과자 판매량

맛	판매량
감자 맛	◎◎△○○
바나나 맛	
옥수수 맛	
새우 맛	

◎ 100개   △ 50개   ○ 10개

풀이

◎ 대표 유형 05

08 은오네 학교 학생 480명이 좋아하는 책의 종류를 조사하여 나타낸 그림그래프입니다. 그림책을 좋아하는 학생 수는 역사책을 좋아하는 학생 수보다 60명 더 많고 동화책을 좋아하는 학생 수와 소설책을 좋아하는 학생 수가 같을 때 그림그래프를 완성해 보세요.

Tip ↑
구하고 싶은 학생 수를 ■명으로 하여 계산해 봅니다.

좋아하는 책의 종류별 학생 수

종류	학생 수
동화책	
역사책	○○○○○○○
그림책	
소설책	

◎ 100명
○ 10명

풀이

6

자료와 그림그래프

MEMO

이쯤에서 실력 체크

수학 단원평가

각종 학교 시험, 한 권으로 끝내자!

수학 단원평가

초등 1~6학년(학기별)

쪽지시험, 단원평가, 서술형 평가 등 다양한 수행평가에 맞는 최신 경향의 문제 수록
A, B, C 세 단계 난이도의 단원평가로 실력을 점검하고 부족한 부분을 빠르게 보충 가능
기본 개념 문제로 구성된 쪽지시험과 단원평가 5회분으로 확실한 단원 마무리

천재교육

상위권 진입비결

최고수준 S 복습책

초등
3-2

BOOK 2

상위권진입비결

최고수준S 복습책

3-2

본문 '유형 변형'의 반복학습입니다.

대표 유형 01

1 오른쪽은 한 변이 54 cm인 정사각형 6개를 겹치지 않게 이어 붙여 만든 도형입니다. 빨간색 선의 길이는 몇 cm일까요?

54 cm

(   )

대표 유형 02

2 오른쪽 그림과 같이 정사각형 모양의 땅에 울타리를 치려고 합니다. 땅의 네 변 위에 9 m 간격으로 기둥을 세웠더니 한 변 위에 세운 기둥이 23개가 되었습니다. 네 꼭짓점에는 기둥을 한 개씩만 세웠을 때 땅의 네 변의 길이의 합은 몇 m일까요?
(단, 기둥의 두께는 생각하지 않습니다.)

9 m

(   )

대표 유형 03

3 ☐ 안에 들어갈 수 있는 두 자리 수는 모두 몇 개일까요?

$$602 \times 8 < 79 \times \square < 55 \times 90$$

(   )

대표 유형 04

4 오른쪽은 규서가 마트에서 산 물건의 영수증입니다. 규서가 7000원을 냈다면 거스름돈으로 얼마를 받아야 할까요?

영수증		
상품명	금액(개당)	개수
주스	840	5
초콜릿	650	4
합계		

(   )

5

길이가 27 cm인 색 테이프 13장과 길이가 32 cm인 색 테이프 12장을 그림과 같이 번갈아 가며 6 cm씩 겹치게 이어 붙였습니다. 이어 붙인 색 테이프의 전체 길이는 몇 cm일까요?

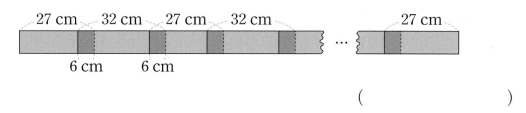

(   )

6

오른쪽 곱셈식에서 ▼는 모두 같은 수입니다. ▼에 알맞은 수를 구하세요.

$$
\begin{array}{r}
\;▼\;▼ \\
\times\;▼\;▼ \\
\hline
5\;9\;2\;9
\end{array}
$$

(   )

7

주어진 수 카드를 각각 한 번씩만 사용하여 수아는 곱이 가장 큰 (몇십몇)×(몇십몇)을, 민성이는 곱이 가장 작은 (몇십몇)×(몇십몇)을 만들었습니다. 두 사람이 만든 곱의 차를 구하세요.

| 3 | 4 | 1 | 7 |

(   )

8

다음 덧셈을 곱셈식을 이용하여 계산해 보세요.

$$122+124+126+\cdots+136+138+140$$

(   )

본문 '실전 적용'의 반복학습입니다.

1 여섯 변의 길이가 모두 같은 육각형입니다. 이 육각형의 여섯 변의 길이의 합은 몇 cm 일까요?

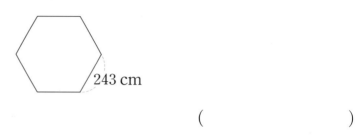

243 cm

(   )

2 체육관에 줄넘기가 12개씩 30상자 있고, 공이 11개씩 23상자 있습니다. 체육관에 있는 줄넘기와 공은 모두 몇 개일까요?

(   )

3 길이가 18 cm인 색 테이프 27장을 4 cm씩 겹치게 한 줄로 길게 이어 붙였습니다. 이어 붙인 색 테이프의 전체 길이는 몇 cm일까요?

(   )

4 그림과 같이 세 변의 길이가 같은 삼각형 모양의 땅의 세 변 위에 16 m 간격으로 가로
등을 세웠더니 한 변 위에 세운 가로등이 13개가 되었습니다. 세 꼭짓점에는 가로등을
한 개씩만 세웠을 때 땅의 세 변의 길이의 합은 몇 m일까요?

(단, 가로등의 두께는 생각하지 않습니다.)

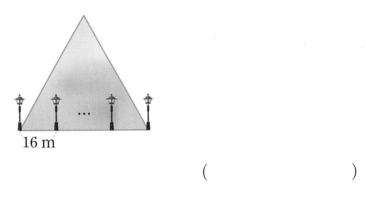

(   )

5 가로가 123 cm, 세로가 114 cm인 직사각형 6개를 겹치지 않게 이어 붙여 만든 도형
입니다. 빨간색 선의 길이는 몇 cm일까요?

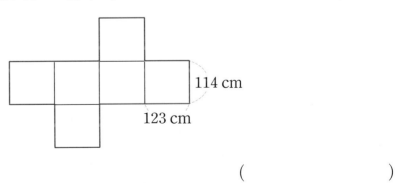

(   )

6 곱셈식에서 같은 기호는 같은 수를 나타냅니다. ●, ■에 알맞은 수를 각각 구하세요.

(단, ● < ■)

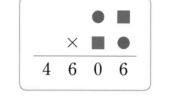

● (   ), ■ (   )

7 1부터 9까지의 자연수 중에서 ☐ 안에 공통으로 들어갈 수 있는 수는 모두 몇 개일까요?

㉠ 281 × ☐ < 2130
㉡ 2673 < 478 × ☐

(   )

8 주어진 수 카드를 한 번씩만 사용하여 곱이 가장 작은 (몇십몇)×(몇십)을 만들었을 때 그 곱을 구하세요.

$$\boxed{8} \quad \boxed{0} \quad \boxed{6} \quad \boxed{2}$$

(   )

9 다음 덧셈을 곱셈식을 이용하여 계산해 보세요.

$$91+93+95+\cdots+115+117+119$$

(   )

10 0부터 9까지의 수 중에서 ㉠에 들어갈 수 있는 수를 모두 구하세요.

$$5㉠7×6=3\square02$$

(   )

2. 나눗셈

1 대표 유형 01

◻ 안에 들어갈 수 있는 자연수는 모두 몇 개일까요?

$$84 \div 6 < ◻ \times 2 < 104 \div 4$$

(   )

2 대표 유형 02

초록색 테이프 7장을 겹치지 않게 한 줄로 길게 이어 붙이면 길이는 259 cm이고, 초록색 테이프 한 장과 주황색 테이프 2장을 겹치지 않게 한 줄로 길게 이어 붙이면 길이는 417 cm입니다. 주황색 테이프 한 장의 길이는 몇 cm일까요?

(단, 같은 색깔의 테이프의 길이는 각각 같습니다.)

(   )

3 대표 유형 03

다음 나눗셈의 나머지가 가장 클 때 1부터 9까지의 수 중 ◻ 안에 알맞은 수를 모두 구하세요.

$$◻5 \div 4$$

(   )

4

대표 유형 **04**

오른쪽 나눗셈식에서 ▲에 들어갈 수 있는 수를 모두 구하세요.

(   )

5

대표 유형 **05**

65를 어떤 수로 나누었더니 몫은 9이고 나머지는 2였습니다. 417을 어떤 수로 나누었을 때의 몫과 나머지의 합을 구하세요.

(   )

6

대표 유형 **06**

수수깡 30개를 소현이네 모둠 학생들에게 5개씩 주면 남김없이 똑같이 나누어 줄 수 있다고 합니다. 색종이 141장을 소현이네 모둠 학생들에게 남김없이 똑같이 나누어 주려면 색종이는 적어도 몇 장 더 필요할까요?

(   )

7

대표 유형 07

조건을 모두 만족하는 수를 구하세요.

> **조건**
> • 45보다 크고 75보다 작은 자연수입니다.
> • 6으로 나누어떨어집니다.
> • 7로 나누면 나머지가 3입니다.

(   )

8

대표 유형 08

세 변의 길이가 같은 삼각형을 오른쪽과 같이 모양과 크기가 같은 삼각형 25개로 나누었습니다. 가장 큰 삼각형의 세 변의 길이의 합이 375 cm일 때 가장 작은 삼각형 한 개의 세 변의 길이의 합은 몇 cm일까요?

(   )

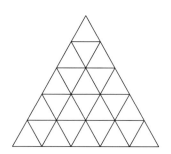

9

대표 유형 09

조건을 모두 만족하는 두 수를 구하세요.

> **조건**
> • 두 수의 차는 39입니다.
> • 큰 수를 작은 수로 나누면 몫은 5, 나머지는 3입니다.

(   )

1 ☐ 안에 들어갈 수 있는 자연수는 모두 몇 개일까요?

$$152 \div 8 < \square < 135 \div 5$$

(   )

2 ●에 알맞은 수 중에서 가장 큰 수를 구하세요. (단, ▼는 자연수입니다.)

$$● \div 6 = 32 \cdots ▼$$

(   )

3 시완이는 수학 문제집 한 권을 하루에 12쪽씩 7일 동안 모두 풀었습니다. 같은 수학 문제집을 정민이가 하루에 9쪽씩 푼다면 남김없이 모두 푸는 데 며칠이 걸릴까요?

(   )

4 어떤 수를 7로 나누어야 할 것을 잘못하여 곱했더니 966이 되었습니다. 바르게 계산한 몫과 나머지를 구하세요.

몫 (   ), 나머지 (   )

5 피자 찐빵이 77개, 야채 찐빵이 46개 있습니다. 이 찐빵을 종류에 상관없이 9명이 똑같이 나누어 가지려고 합니다. 찐빵을 남김없이 나누어 가지려면 찐빵은 적어도 몇 개 더 필요할까요?

(   )

6 나눗셈식에서 ☐ 안에 알맞은 수를 써넣으세요.

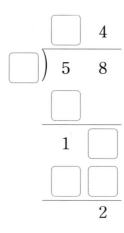

7 큰 수를 작은 수로 나누었더니 몫이 8로 나누어떨어졌습니다. 두 수의 곱이 392일 때 큰 수를 3으로 나눈 몫과 나머지를 구하세요.

몫 (   ), 나머지 (   )

8 조건 을 모두 만족하는 수를 구하세요.

조건
- 230보다 크고 245보다 작은 자연수입니다.
- 4로 나누어떨어집니다.
- 6으로 나누면 나머지가 2입니다.

(   )

9 길이가 168 cm인 굵기가 일정한 나무 막대가 있습니다. 이 나무 막대를 모든 도막의 길이가 6 cm가 되도록 잘랐습니다. 한 번 자르는 데 걸린 시간이 2분일 때 나무 막대를 쉬지 않고 모두 자르는 데 걸린 시간은 몇 분일까요?

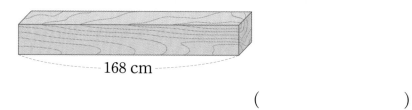

168 cm

( )

10 세 변의 길이가 같고 세 변의 길이의 합이 360 cm인 삼각형을 다음과 같은 규칙으로 모양과 크기가 같은 삼각형이 여러 개가 되도록 나누었습니다. 여섯째에서 가장 작은 삼각형 한 개의 세 변의 길이의 합은 몇 cm일까요?

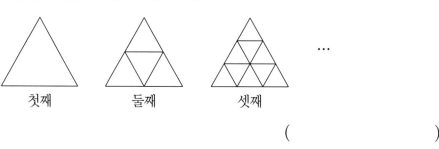

첫째   둘째   셋째   …

( )

3. 원

>> 정답 및 풀이 **57**쪽

본문 '유형 변형'의 반복학습입니다.

대표 유형 01

1 다음과 같은 가, 나 모양을 그리려고 합니다. 컴퍼스의 침을 꽂아야 할 곳은 모두 몇 군데 일까요?

가 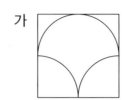   나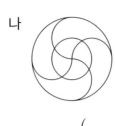

(   )

대표 유형 02

2 오른쪽 그림에서 가장 큰 원의 지름은 24 cm입니다. 선분 ㄱㄴ의 길이는 몇 cm일까요?

(   )

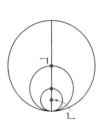

대표 유형 03

3 점 ㄱ, 점 ㄴ, 점 ㄷ은 원의 중심입니다. 선분 ㄱㄷ의 길이는 몇 cm일까요?

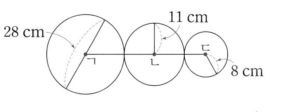

(   )

대표 유형 04

4 오른쪽 그림과 같이 크기가 같은 원 5개를 맞닿게 그렸습니다. 선분 ㄱㄴ의 길이가 18 cm일 때 초록색 선의 길이는 몇 cm일까요?

18 cm

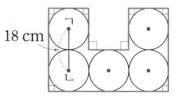

(   )

5

그림과 같이 가장 작은 원의 반지름을 4 cm로 하여 반지름을 3 cm씩 늘려 가며 원을 그리려고 합니다. 원을 7개 그렸을 때 양 끝에 놓인 원의 중심을 연결한 선분의 길이는 몇 cm일까요?

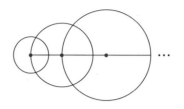

(   )

6

직사각형 안에 크기가 같은 원 17개를 서로 원의 중심이 지나도록 겹쳐서 그린 모양입니다. 직사각형의 네 변의 길이의 합이 200 cm일 때 원의 반지름은 몇 cm일까요?

(   )

7

오른쪽은 크기가 다른 세 원을 그린 후 원의 중심을 이어 삼각형을 만든 것입니다. 삼각형 ㄱㄴㄷ의 세 변의 길이의 합은 몇 cm일까요?

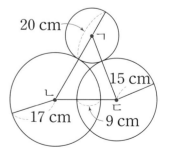

(   )

3. 원

➤➤ 정답 및 풀이 **57**쪽

본문 '실전 적용'의 반복학습입니다.

1 오른쪽과 같은 모양을 그리려고 합니다. 컴퍼스의 침을 꽂아야 할 곳은 모두 몇 군데일까요?

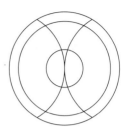

(   )

2 점 ㄴ, 점 ㄷ은 원의 중심입니다. 선분 ㄱㄷ의 길이는 몇 cm일까요?

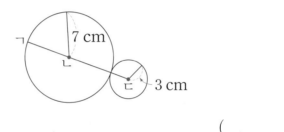

(   )

3 직사각형 안에 반지름이 2 cm인 원 8개를 맞닿게 그렸습니다. 직사각형의 네 변의 길이의 합은 몇 cm일까요?

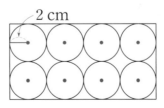

(   )

4 원의 반지름을 4 cm씩 늘려 가며 원을 그린 것입니다. 선분 ㄱㄴ의 길이는 몇 cm일까요?

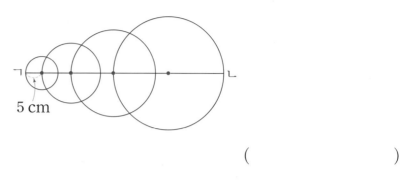

(   )

5 반지름이 6 cm인 원을 서로 원의 중심이 지나도록 겹쳐서 그린 모양입니다. 선분 ㄱㄴ의 길이가 78 cm일 때 원을 몇 개 그린 것일까요?

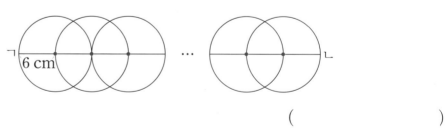

(   )

6 오른쪽 그림에서 가장 큰 원의 지름은 64 cm입니다. 선분 ㄱㄴ의 길이는 몇 cm일까요?

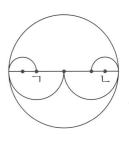

(   )

7 그림과 같이 크기가 같은 원 10개를 맞닿게 그렸습니다. 선분 ㄱㄴ의 길이가 10 cm일 때 초록색 선의 길이의 합은 몇 cm일까요?

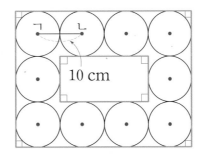

10 cm

(   )

8 그림과 같은 규칙으로 반지름이 3 cm인 원을 여러 개 맞닿게 그린 후 원의 중심을 이어 사각형을 만들었습니다. 다섯째 사각형의 네 변의 길이의 합은 몇 cm일까요?

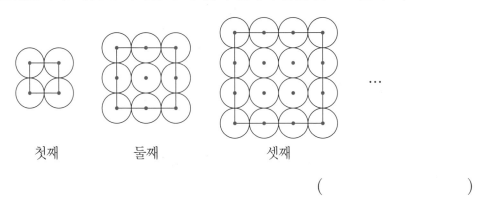

첫째   둘째   셋째

(   )

9 다음은 크기가 다른 세 원을 그린 후 원의 중심을 이어 삼각형을 만든 것입니다. 삼각형 ㄱㄴㄷ의 세 변의 길이의 합이 64 cm일 때 세 원의 반지름의 합은 몇 cm일까요?

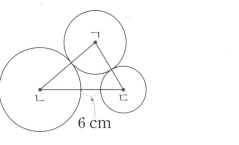

6 cm

(   )

4. 분 수

>> 정답 및 풀이 **58**쪽

본문 '유형 변형'의 반복학습입니다.

1 대표 유형 01

다음은 혜빈이가 딴 자두입니다. 그중 14개를 은빈이에게 주었습니다. 자두를 2개씩 묶으면 은빈이에게 주고 남은 자두는 혜빈이가 딴 자두의 몇 분의 몇인지 구하세요.

( )

2 대표 유형 02

아승이네 반 학생은 24명입니다. 전체 반 학생의 $\frac{5}{6}$는 흰색 운동화를 신은 학생이고, 흰색 운동화를 신은 학생의 $\frac{2}{5}$는 여학생입니다. 아승이네 반 학생 중 흰색 운동화를 신은 남학생은 모두 몇 명일까요?

( )

3 대표 유형 03

★에 알맞은 수를 구하세요.

> • ●의 $\frac{23}{40}$은 92입니다.
>
> • ★의 $\frac{4}{7}$는 ●입니다.

( )

4 대표 유형 04

㉠과 ㉡에 공통으로 들어갈 수 있는 자연수는 모두 몇 개인지 구하세요.

$$\frac{㉠}{9} < 1\frac{5}{9}$$

$$\frac{70}{31} < 2\frac{㉡}{31}$$

( )

5 대표 유형 05

수 카드 3장을 한 번씩 모두 사용하여 가분수를 만들려고 합니다. 만들 수 있는 가분수는 모두 몇 개인지 구하세요.

$$\boxed{3} \quad \boxed{2} \quad \boxed{5}$$

(   )

6 대표 유형 06

조건 을 만족하는 진분수는 모두 몇 개인지 구하세요.

┌ **조건** ─────────────────┐
│ • 분모는 4보다 크고 7보다 작습니다. │
│ • 분자는 2보다 크고 6보다 작습니다. │
└──────────────────────────┘

(   )

7 대표 유형 07

분모와 분자의 합이 29이고 분자가 분모의 2배보다 2만큼 더 큰 가분수를 구하세요.

(   )

8 대표 유형 08

일정한 규칙에 따라 분수를 늘어놓았을 때, 31번째에 놓을 분수를 구하세요.

$$\frac{1}{3}, \frac{2}{3}, \frac{1}{4}, \frac{2}{4}, \frac{3}{4}, \frac{1}{5}, \frac{2}{5}, \frac{3}{5}, \frac{4}{5}, \cdots$$

(   )

4. 분수

>> 정답 및 풀이 **59**쪽

본문 '실전 적용'의 반복학습입니다.

1 ♥에 알맞은 수를 구하세요.

$$♥의 \frac{4}{7}는 24입니다.$$

( )

2 지민이는 사탕 35개를 가지고 있었습니다. 지민이는 가지고 있는 사탕의 $\frac{3}{7}$을 언니에게 주고 6개를 먹었습니다. 남은 사탕은 몇 개일까요?

( )

3 참외 26개 중에서 8개를 먹고 6개는 친구에게 나누어 주었습니다. 참외 26개를 2개씩 묶으면 남은 참외는 처음에 있던 참외의 몇 분의 몇인지 구하세요.

( )

4 수 카드 4장 중에서 3장을 골라 한 번씩만 사용하여 대분수를 만들려고 합니다. 만들 수 있는 분수 중 분모가 7인 가장 큰 대분수를 가분수로 나타내 보세요.

| 8 | 7 | 5 | 2 |

(   )

5 어떤 수의 $\dfrac{7}{8}$ 은 28입니다. 어떤 수의 $\dfrac{9}{2}$ 는 얼마일까요?

(   )

6 분모와 분자의 합이 13이고 차가 7인 가분수를 대분수로 나타내 보세요.

(   )

7 조건 을 만족하는 분수는 모두 몇 개인지 구하세요.

조건
- 분모가 5인 가분수입니다.
- $4\frac{1}{5}$보다 작습니다.

( )

8 ◆에 들어갈 수 있는 모든 자연수의 합을 구하세요.

$$\frac{59}{17} < ◆\frac{4}{17} < \frac{154}{17}$$

( )

9 일정한 규칙에 따라 분수를 늘어놓았습니다. 30번째에 놓을 분수의 분모와 분자의 차를 구하세요.

$$\frac{1}{2}, \frac{5}{4}, \frac{9}{6}, \frac{13}{8}, \cdots$$

(   )

10 떨어진 높이의 $\frac{2}{5}$만큼 튀어 오르는 공이 있습니다. 이 공을 200 cm의 높이에서 떨어뜨린다면 두 번째로 튀어 오른 공의 높이는 몇 cm인지 구하세요.

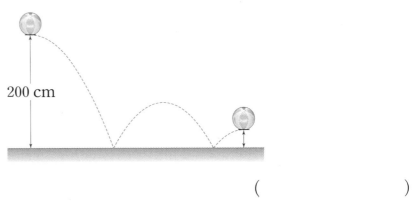

200 cm

(   )

5. 들이와 무게

>> 정답 및 풀이 60쪽

본문 '유형 변형'의 반복학습입니다.

1 대표 유형 01

실제 무게가 550 g인 상자와 1 kg 200 g인 영어사전이 있습니다. 영어사전을 상자 안에 넣었을 때 영어사전이 든 상자의 무게를 가장 가깝게 어림한 사람은 누구일까요?

> • 인아: 약 2 kg
> • 시우: 약 1 kg 600 g
> • 하성: 약 1200 g

(   )

2 대표 유형 02

같은 기호는 같은 수를 나타냅니다. ㉠, ㉡, ㉢, ㉣에 알맞은 수를 각각 구하세요.

$$6 \text{ L } \boxed{㉠} \text{ mL}$$
$$+ \boxed{㉡} \text{ L } 400 \text{ mL}$$
$$\overline{\boxed{㉢} \text{ L } 800 \text{ mL}}$$

$$8 \text{ L } \boxed{㉠} \text{ mL}$$
$$- \boxed{㉡} \text{ L } 200 \text{ mL}$$
$$\overline{\boxed{㉢} \text{ L } \boxed{㉣} \text{ mL}}$$

㉠ (   ), ㉡ (   ),
㉢ (   ), ㉣ (   )

3 대표 유형 03

각각의 수박 무게가 모두 같을 때 빈 상자의 무게는 몇 kg 몇 g인지 구하세요.

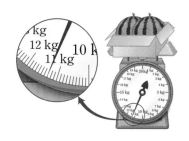
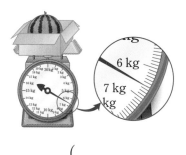

(   )

대표 유형 04

4 수조에 물이 3 L 400 mL 들어 있었습니다. 오른쪽 비커에 담긴 물을 수조에 모두 부은 후 수조에 들어 있는 물을 들이가 270 mL인 컵에 가득 담아 3번 덜어내었습니다. 수조에 남아 있는 물은 몇 L 몇 mL인지 구하세요.
(단, 수조의 물은 넘치지 않습니다.)

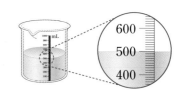

( )

대표 유형 05

5 각각 3 t까지 실을 수 있는 트럭 3대에 230 kg짜리 상자 9개, 420 kg짜리 상자 8개를 나누어 실었습니다. 트럭 3대에 더 실을 수 있는 무게는 모두 몇 kg인지 구하세요.

( )

대표 유형 06

6 빨간색 공 2개와 파란색 공 3개의 무게가 같고 노란색 공 5개와 파란색 공 6개의 무게가 같습니다. 노란색 공 1개의 무게가 248 g일 때 빨간색 공 1개의 무게는 몇 g인지 구하세요. (단, 같은 색 공끼리는 무게가 각각 같습니다.)

( )

7 대표 유형 07

2초에 820 mL씩 물이 나오는 수도가 있습니다. 이 수도로 1초에 160 mL씩 물이 새는 9 L들이 양동이에 물을 받으려고 합니다. 빈 양동이에 물을 가득 채우는 데 걸리는 시간은 몇 초인지 구하세요.

(   )

8 대표 유형 08

물이 (가) 수조에는 8 L 900 mL, (나) 수조에는 3 L 500 mL 들어 있습니다. (가) 수조에 담긴 물의 양이 (나) 수조에 담긴 물의 양보다 3 L만큼 더 많게 하려면 (가) 수조에서 (나) 수조로 물을 몇 L 몇 mL 옮겨야 하는지 구하세요.

(   )

9 대표 유형 09

조건 을 모두 만족하는 자몽 4개와 복숭아 5개의 무게의 합은 몇 kg 몇 g인지 구하세요. (단, 같은 종류끼리는 무게가 각각 같습니다.)

> **조건**
> • 자몽 5개와 복숭아 1개의 무게의 합은 2 kg 200 g입니다.
> • 자몽 1개와 복숭아 1개의 무게의 합은 600 g입니다.

(   )

5. 들이와 무게

1 건희가 고양이를 안고 저울에 올라가면 42 kg 700 g이고 건희만 저울에 올라가면 37 kg 900 g입니다. 고양이의 무게는 몇 kg 몇 g인지 구하세요.

( )

2 실제 무게가 4100 g인 멜론의 무게에 더 가깝게 어림한 사람은 누구일까요?

- 정인: 약 4300 g
- 혁수: 약 3 kg 800 g

( )

3 8 t까지 실을 수 있는 트럭에 370 kg짜리 상자 7개를 실었습니다. 트럭에 더 실을 수 있는 무게는 몇 kg인지 구하세요.

( )

4 뺄셈식에서 ㉠, ㉡에 알맞은 수를 각각 구하세요.

$$\begin{array}{r} \boxed{㉠}\ \text{L} \quad 200\ \text{mL} \\ -\quad 3\ \text{L} \quad \boxed{㉡}\ \text{mL} \\ \hline 4\ \text{L} \quad 530\ \text{mL} \end{array}$$

㉠ (   ), ㉡ (   )

5 각각의 한라봉 무게가 모두 같을 때 빈 바구니의 무게는 몇 g인지 구하세요.

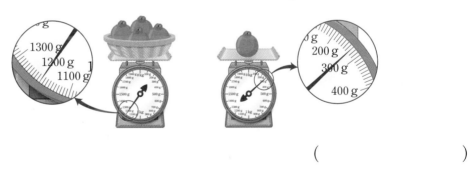

(   )

6 들이가 1 L 750 mL인 물병에 물이 가득 들어 있었습니다. 그중 지유가 380 mL를 마신 후 동생이 물을 마셨더니 물병에 남은 물은 720 mL입니다. 동생이 마신 물은 몇 mL인지 구하세요.

(   )

7 고구마 8개와 감자 12개의 무게가 같고 감자 6개와 당근 5개의 무게가 같습니다. 고구마 1개의 무게가 450 g일 때 당근 5개의 무게는 몇 g인지 구하세요.

(단, 같은 종류끼리는 무게가 각각 같습니다.)

(   )

8 사과 주스를 찬희는 6 L 400 mL, 인선이는 7100 mL 가지고 있었는데 찬희는 가지고 있던 사과 주스 중에서 500 mL를 마셨습니다. 두 사람이 가지고 있는 사과 주스의 양을 같게 하려면 인선이는 찬희에게 사과 주스를 몇 mL 주면 될까요?

(   )

9 1초에 370 mL의 물이 나오는 (가) 수도와 1초에 240 mL씩 물이 나오는 (나) 수도가 있습니다. (가)와 (나) 수도를 동시에 틀어 2초에 420 mL씩 물이 새는 4 L들이 수조에 물을 받으려고 합니다. 빈 수조에 물을 가득 채우는 데 걸리는 시간은 몇 초인지 구하세요.

(   )

10 조건 을 모두 만족하는 (가) 상자 5개와 (나) 상자 2개의 무게의 합은 몇 kg 몇 g인지 구하세요. (단, 같은 상자끼리는 무게가 각각 같습니다.)

조건
- (가) 상자 5개와 (나) 상자 5개의 무게의 합은 6 kg 880 g입니다.
- (가) 상자 2개와 (나) 상자 5개의 무게의 합은 5 kg 440 g입니다.

(   )

6. 자료와 그림그래프

대표 유형 01

1 예솔이네 반 학생들이 좋아하는 과일을 두 가지씩 조사하였습니다. 조사한 자료를 표와 그림그래프로 나타내 보세요.

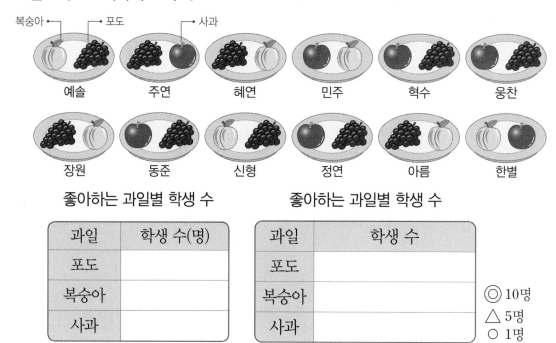

좋아하는 과일별 학생 수

과일	학생 수(명)
포도	
복숭아	
사과	

좋아하는 과일별 학생 수

과일	학생 수
포도	
복숭아	
사과	

◎ 10명
△ 5명
○ 1명

대표 유형 02

2 수정이네 학교 3학년 학생 중 피아노 학원에 다니는 학생 수를 반별로 조사하여 나타낸 그림그래프입니다. 3학년 학생 중 피아노 학원에 다니는 학생은 모두 몇 명인지 구하세요.

반별 피아노 학원에 다니는 학생 수

반	학생 수
1반	😊 😊 😊
2반	😊 😊 😊 😊 😊
3반	😊 😊 😊 😊
4반	😊 😊 😊 😊 😊

😊 5명
😊 1명

( )

대표 유형 03

3 예서네 반 학생 27명이 먹고 싶은 생선을 조사하여 나타낸 그림그래프입니다. 조기를 먹고 싶은 학생 수가 갈치를 먹고 싶은 학생 수의 4배일 때 꽁치를 먹고 싶은 학생은 몇 명인지 구하세요.

먹고 싶은 생선별 학생 수

생선	학생 수
조기	
꽁치	
고등어	☺ ☺ ☺ ☺
갈치	☺ ☺ ☺

☺ 5명
☺ 1명

(   )

대표 유형 04

4 어느 문구점에서 일주일 동안 판매한 색깔별 볼펜 수를 조사하여 나타낸 것입니다. 검은색 볼펜과 파란색 볼펜의 판매량이 같을 때 표와 그림그래프를 완성해 보세요.

색깔별 볼펜 판매량

색깔	판매량(자루)
빨간색	
초록색	
파란색	120
검은색	
합계	380

색깔별 볼펜 판매량

색깔	판매량
빨간색	
초록색	◎○
파란색	
검은색	

◎ 50자루   ○ 10자루

대표 유형 05

5 과수원별 배 수확량을 조사하여 나타낸 그림그래프입니다. 네 과수원의 배 수확량의 합은 950상자이고 가 과수원의 배 수확량은 다 과수원의 배 수확량의 2배일 때 다 과수원에서 수확한 배는 몇 상자인지 구하세요.

과수원별 배 수확량

과수원	수확량
가	
나	🍎🍎🍎🍎🍎
다	
라	🍎🍎🍎🍎🍎🍎

🍎 100상자
🍎 10상자

( )

대표 유형 06

6 푸른 놀이공원의 입장료 안내판과 채호네 학교 3학년 반별 학생 수를 조사하여 나타낸 그림그래프입니다. 3학년 2반 학생의 입장료의 합은 78만 원입니다. 물음에 답하세요.
(단, 선생님은 성인, 초등학생은 어린이입니다.)

반별 학생 수

푸른 놀이공원 입장료

성인	청소년	어린이
5만 원	4만 원	3만 원

반	학생 수
1반	😊😊😊😊😊
2반	
3반	😊😊😊😊
4반	😊😊😊😊😊

😊 10명 😊 1명

(1) 재호네 학교 3학년 2반 학생은 몇 명인지 구하세요.

( )

(2) 푸른 놀이공원에 3학년 전체 학생과 선생님 4명이 함께 입장한다면 입장료는 모두 얼마인지 구하세요.

( )

6. 자료와 그림그래프

>> 정답 및 풀이 63쪽

본문 '실전 적용'의 반복학습입니다.

1 유미네 반 학생들이 좋아하는 꽃을 조사하였습니다. 조사한 자료를 표와 그림그래프로 나타내 보세요.

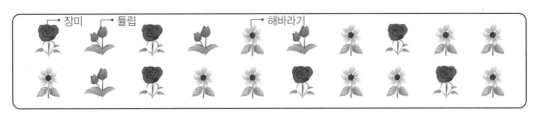

좋아하는 꽃별 학생 수

꽃	학생 수(명)
장미	
튤립	
해바라기	
합계	

좋아하는 꽃별 학생 수

꽃	학생 수
장미	
튤립	
해바라기	

◎5명　○1명

2 준우네 학교 3학년 학생들이 태어난 계절을 모두 조사하여 나타낸 그림그래프입니다. 준우네 학교 3학년 학생은 모두 몇 명인지 구하세요.

계절별 태어난 학생 수

계절	학생 수
봄	😊😊😊😊😊
여름	😊😊😊
가을	😊😊😊😊😊😊😊
겨울	😊😊😊😊

😊 10명

😊 1명

(　　　　　　　)

3 소망체험관의 입장료 안내판과 오전 방문객 수를 조사하여 나타낸 그림그래프입니다. 오전에 방문한 어린이의 입장료는 모두 얼마인지 구하세요.

소망체험관 오전 방문객 수

(   )

4 어느 공룡박물관에 전시된 전시 작품 75점을 층별로 조사하여 나타낸 그림그래프입니다. 2층에 전시된 작품 수가 1층에 전시된 작품 수의 $\frac{1}{4}$일 때 3층에 전시된 작품 수는 몇 점인지 구하세요.

층별 작품 수

층	전시 작품 수
1층	🦖🦖🦖🦖🦖🦖🦖🦖
2층	
3층	
4층	🦖🦖🦖🦖🦖

🦖 10점
🦖 1점

(   )

5 어느 문구점에서 판매하는 물건의 가격과 일주일 동안의 종류별 물건 판매량을 조사하여 나타낸 그림그래프입니다. 일주일 동안 농구공과 배 모형을 판매하여 얻은 금액은 모두 얼마인지 구하세요.

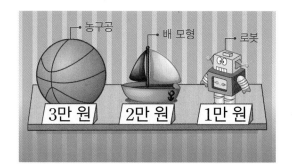

종류별 물건 판매량

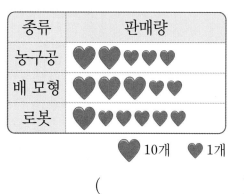

종류	판매량
농구공	♥♥♥♥♥
배 모형	♥♥♥♥♥
로봇	♥♥♥♥♥♥

♥ 10개 ♥ 1개

(   )

6 주희네 학교 학생 중 85명이 좋아하는 동물을 조사하여 나타낸 그림그래프입니다. 고양이를 좋아하는 학생은 토끼를 좋아하는 학생보다 3명 더 적을 때 고양이를 좋아하는 학생은 몇 명인지 구하세요.

좋아하는 동물별 학생 수

동물	학생 수
토끼	
고양이	
강아지	😊😊😊😊😊😊😊

😊 10명
😊 1명

(   )

7 어느 슈퍼마켓에서 일주일 동안 판매한 맛별 사탕 수를 조사하여 나타낸 것입니다. 초코 맛 사탕 판매량은 딸기 맛 사탕 판매량의 2배일 때 표와 그림그래프를 완성해 보세요.

맛별 사탕 판매량

맛	판매량(개)
포도 맛	
초코 맛	
딸기 맛	70
수박 맛	
합계	600

맛별 사탕 판매량

맛	판매량
포도 맛	
초코 맛	
딸기 맛	
수박 맛	◎○

◎ 100개   △ 50개   ○ 10개

8 단오네 학교 학생 550명이 좋아하는 간식의 종류를 조사하여 나타낸 그림그래프입니다. 빵을 좋아하는 학생 수는 과일을 좋아하는 학생 수보다 50명 더 많고 우유를 좋아하는 학생 수와 과자를 좋아하는 학생 수가 같을 때 그림그래프를 완성해 보세요.

좋아하는 간식의 종류별 학생 수

간식	학생 수
우유	
과일	○○○○○○○○
빵	
과자	

◎ 100명
○ 10명

우리 아이만
알고 싶은
상위권의
시작

최고를
경험해 본 아이의 성취감은
학년이 오를수록
빛을 발합니다

최고수준

완 성

문제

초등수학

5-2

* 1~6학년 / 학기 별 출시
동영상 강의 제공

복습은
이안에
있어!

#끊어읽기

#문해력 어휘 백과

#문쌤제

#고변과 구하려는 것

🔍 문해력을 키우면 정답이 보인다

초등 문해력 독해가 힘이다
문장제 수학편 (초등 1~6학년 / 단계별)

짧은 문장 연습부터 긴 문장 연습까지
문장을 읽고 이해하여 해결하는 연습을 하여
수학 문해력을 길러주는 문장제 연습 교재

초 문해력
독해가
힘이다

5-B 문장제 수학편

단계별 수학 전문서

[개념·유형·응용]

수학의 해법이 풀리다!

해결의 법칙
시리즈

단계별 맞춤 학습	혼자서도 OK!	300여 명의 검증
개념, 유형, 응용의 단계별 교재로 교과서 차시에 맞춘 쉬운 개념부터 응용·심화까지 수학 완전 정복	이미지로 구성된 핵심 개념과 셀프 체크, 모바일 코칭 시스템과 동영상 강의로 자기주도 학습 및 홈 스쿨링에 최적화	수학의 메카 천재교육 집필진과 300여 명의 교사·학부모의 검증을 거쳐 탄생한 친절한 교재

흔들리지 않는 탄탄한 수학의 완성! (초등 1~6학년 / 학기별)

상위권 진입 비결

상위권 진입 비결

천재교육

상위권 진입비결

최고수준 S

정답 및 풀이

BOOK3

초등
3-2

정답 및 풀이
포인트 3가지

▶ 혼자서도 이해할 수 있는 친절한 문제 풀이

▶ 참고, 주의 등 자세한 풀이 제시

▶ 다른 풀이를 제시하여 다양한 방법으로 문제 풀이 가능

1 곱셈

활용 개념

(세 자리 수)×(한 자리 수)

01 3, 369

02 (1) 652 (2) 987 (3) 2408

03 300

04 (1) 668 (2) 4728

05 <

06 (1) 126, 3, 378 (2) 491, 6, 2946

01 백 모형이 3개, 십 모형이 6개, 일 모형이 9개이므로 123×3=369입니다.

02 (1)
$$\begin{array}{r} \overset{1}{3}\,2\,6 \\ \times\qquad 2 \\ \hline 6\,5\,2 \end{array}$$
  (2)
$$\begin{array}{r} \overset{2}{1}\,4\,1 \\ \times\qquad 7 \\ \hline 9\,8\,7 \end{array}$$

03 ◯ 안의 수 3은 십의 자리 수 5와 7을 곱한 값 35에서 백의 자리로 올림한 수이므로 실제로는 300을 나타냅니다.

04 (1)
$$\begin{array}{r} \overset{2}{\,}\overset{2}{\,}\,\,\, \\ 1\,6\,7 \\ \times\qquad 4 \\ \hline 6\,6\,8 \end{array}$$
  (2)
$$\begin{array}{r} \overset{7}{\,}\,\,\,\,\, \\ 5\,9\,1 \\ \times\qquad 8 \\ \hline 4\,7\,2\,8 \end{array}$$

05 212×4=848, 189×5=945
⇨ 848<945

06 (1) 126+126+126=126×3=378
  (3번)

  (2) 491+491+491+491+491+491=491×6
  (6번)
  =2946

(몇십)×(몇십), (몇십몇)×(몇십), (몇)×(몇십몇)

01 (1) 150, 1500 (2) 252, 2520

02 (1) 3200 (2) 1330 (3) 175

03 <   **04** (1) 80 (2) 40

05 90   **06** 480개

07 184쪽

01 (1) 50×30은 50×3의 10배입니다.
  (2) 42×60은 42×6의 10배입니다.

02 (3)
$$\begin{array}{r} \overset{2}{\,}\,\,\, \\ 5 \\ \times\,3\,5 \\ \hline 1\,7\,5 \end{array}$$

03 3×84=252, 4×65=260
  ⇨ 252<260

04 (1) 20×40=800이므로 10×◯=800입니다.
  1×8=8이므로 10×80=800 ⇨ ◯=80
  (2) 30×80=2400이므로 60×◯=2400입니다.
  6×4=24이므로 60×40=2400 ⇨ ◯=40

05 60×60=3600이므로 40×◯=3600입니다.
  4×9=36이므로 40×90=3600 ⇨ ◯=90

06 (전체 사과 수)
  =(한 상자에 들어 있는 사과 수)×(상자 수)
  =16×30=480(개)

07 (전체 읽은 동화책 쪽수)
  =(하루에 읽은 동화책 쪽수)×(날수)
  =8×23=184(쪽)

(몇십몇)×(몇십몇)

01 (1) 420, 98, 518 (2) 4680, 208, 4888

02 (1) 1173 (2) 2294 (3) 4272

03 >   **04** 3285

05 3876   **06** 4608

01 (1) 14×37은 14×30과 14×7을 각각 계산한 후 두 곱을 더합니다.
  ⇨ 420+98=518
  (2) 52×94는 52×90과 52×4를 각각 계산한 후 두 곱을 더합니다.
  ⇨ 4680+208=4888

12~27쪽

02 (1)
```
      5 1
  ×   2 3
  ─────────
    1 5 3
  1 0 2 0
  ─────────
  1 1 7 3
```
(2)
```
      3 7
  ×   6 2
  ─────────
      7 4
  2 2 2 0
  ─────────
  2 2 9 4
```
(3)
```
      8 9
  ×   4 8
  ─────────
    7 1 2
  3 5 6 0
  ─────────
  4 2 7 2
```

03 $28×72＝2016$, $54×33＝1782$
⇨ $2016＞1782$

04 10이 7개이면 70 ⎤
　　 1이 3개이면 　3 ⎦ ⇨ 73
73의 45배 ⇨ $73×45＝3285$

05 ㉠ 대신에 19, ㉡ 대신에 34를 넣고 계산합니다.
$19◈34＝19×34×6＝646×6＝3876$

06 ㉠ 대신에 8, ㉡ 대신에 72를 넣고 계산합니다.
$8▲72＝8×8×72＝64×72＝4608$

유형 변형

대표 유형 01　536 cm

❶ 사각형에는 길이가 같은 변이 [4]개 있습니다.
❷ (사각형의 네 변의 길이의 합)＝(한 변의 길이)×[4]
　　　　　　　　　＝134×[4]＝[536] (cm)

예제　1052 cm

❶ 사각형에는 길이가 같은 변이 4개 있습니다.
❷ (사각형의 네 변의 길이의 합)＝(한 변의 길이)×4
　　　　　　　　　＝263×4＝1052 (cm)

01-1　1295 cm

❶ 오각형에는 길이가 같은 변이 5개 있습니다.
❷ (오각형의 다섯 변의 길이의 합)＝259×5＝1295 (cm)

01-2　오각형

❶ (삼각형의 세 변의 길이의 합)＝428×3＝1284 (cm)
❷ (오각형의 다섯 변의 길이의 합)＝276×5＝1380 (cm)
❸ 1284 cm＜1380 cm이므로 모든 변의 길이의 합이 더 긴 도형은 오각형입니다.

01-3　468 cm

❶ 빨간색 선의 길이는 정사각형의 한 변이 12개 있는 것과 같습니다.

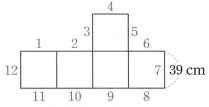

❷ (빨간색 선의 길이)＝39×12＝468 (cm)

참고
정사각형은 네 각이 모두 직각이고 네 변의 길이가 모두 같은 사각형입니다.

대표 유형 02 2520 cm

❶ (나무 사이의 간격 수)=(나무 수)−1= $\boxed{8}$ −1= $\boxed{7}$ (군데)

❷ (도로의 길이)=360× $\boxed{7}$ = $\boxed{2520}$ (cm)

예제 1960 cm

❶ (나무 사이의 간격 수)=(나무 수)−1=9−1=8(군데)

❷ (도로의 길이)=245×8=1960 (cm)

02-1 72 m

❶ 25+25=50이므로 산책로의 한쪽에 가로등을 25개 세웠습니다.

❷ (가로등 사이의 간격 수)=(가로등 수)−1=25−1=24(군데)

❸ (산책로의 길이)=3×24=72 (m)

02-2 690 m

❶ (나무 사이의 간격 수)=(나무 수)=46군데

❷ (호수의 둘레)=15×46=690 (m)

02-3 476 m

❶ (한 변 위에 꽂은 깃발 사이의 간격 수)=18−1=17(군데)

❷ (땅의 한 변의 길이)=7×17=119 (m)

❸ (땅의 네 변의 길이의 합)=119×4=476 (m)

> **다른 풀이**
>
> 깃발을 네 꼭짓점에는 한 개씩만 꽂았으므로 전체 꽂은 깃발은 18×4=72(개)에서 4개를 뺀 72−4=68(개)입니다.
> (깃발 사이의 간격 수)=(깃발 수)=68군데
> (땅의 네 변의 길이의 합)=7×68=476 (m)

대표 유형 03 2개

❶ 61을 60으로 어림하면 60×70= $\boxed{4200}$ (으)로 4400에 가깝습니다.

❷ ▲에 7부터 차례대로 넣어 곱의 크기를 비교하면

$61×70=$ $\boxed{4270}$ <4400

$61×80=$ $\boxed{4880}$ >4400

$61×90=$ $\boxed{5490}$ >4400

❸ ▲에 들어갈 수 있는 수: 8, 9 ➡ $\boxed{2}$ 개

예제 5개

❶ 47을 50으로 어림하면 50×40=2000으로 1970에 가깝습니다.

❷ ◯ 안에 4부터 차례대로 넣어 곱의 크기를 비교하면

$47×40=1880<1970$

$47×50=2350>1970$

$47×60=2820>1970$

$\vdots$

❸ ◯ 안에 들어갈 수 있는 수: 5, 6, 7, 8, 9 ➪ 5개

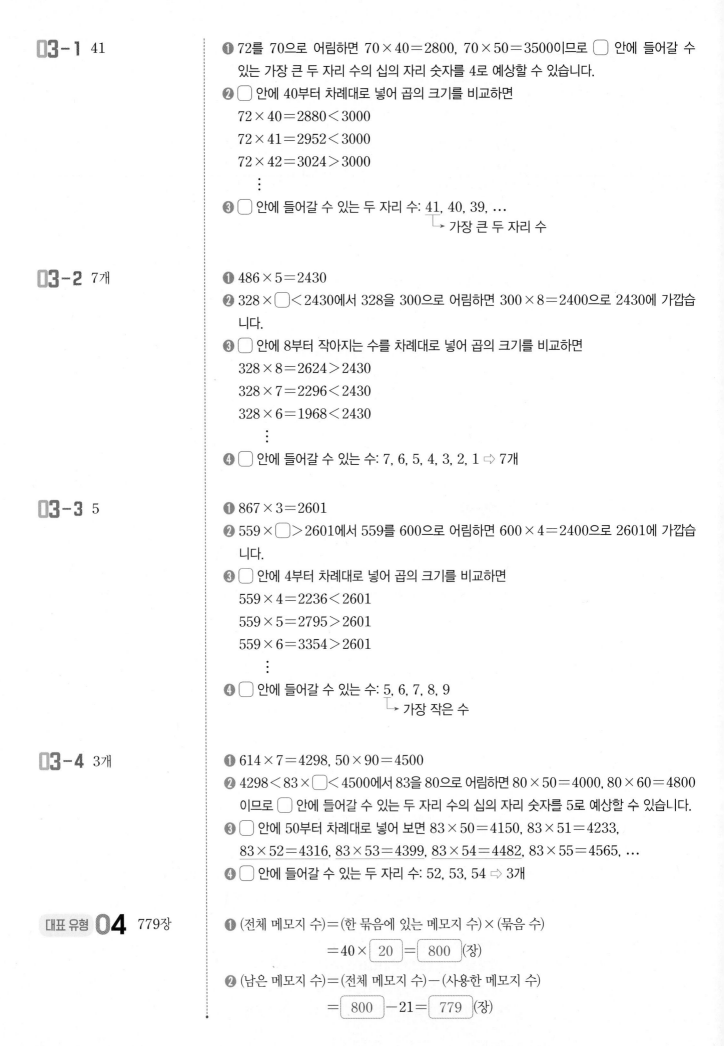

03-1 41

❶ 72를 70으로 어림하면 70×40=2800, 70×50=3500이므로 ◯ 안에 들어갈 수 있는 가장 큰 두 자리 수의 십의 자리 숫자를 4로 예상할 수 있습니다.

❷ ◯ 안에 40부터 차례대로 넣어 곱의 크기를 비교하면

72×40=2880<3000

72×41=2952<3000

72×42=3024>3000

⋮

❸ ◯ 안에 들어갈 수 있는 두 자리 수: 4̲1, 40, 39, ...

└→ 가장 큰 두 자리 수

03-2 7개

❶ 486×5=2430

❷ 328×◯<2430에서 328을 300으로 어림하면 300×8=2400으로 2430에 가깝습니다.

❸ ◯ 안에 8부터 작아지는 수를 차례대로 넣어 곱의 크기를 비교하면

328×8=2624>2430

328×7=2296<2430

328×6=1968<2430

⋮

❹ ◯ 안에 들어갈 수 있는 수: 7, 6, 5, 4, 3, 2, 1 ⇨ 7개

03-3 5

❶ 867×3=2601

❷ 559×◯>2601에서 559를 600으로 어림하면 600×4=2400으로 2601에 가깝습니다.

❸ ◯ 안에 4부터 차례대로 넣어 곱의 크기를 비교하면

559×4=2236<2601

559×5=2795>2601

559×6=3354>2601

⋮

❹ ◯ 안에 들어갈 수 있는 수: 5̲, 6, 7, 8, 9

└→ 가장 작은 수

03-4 3개

❶ 614×7=4298, 50×90=4500

❷ 4298<83×◯<4500에서 83을 80으로 어림하면 80×50=4000, 80×60=4800이므로 ◯ 안에 들어갈 수 있는 두 자리 수의 십의 자리 숫자를 5로 예상할 수 있습니다.

❸ ◯ 안에 50부터 차례대로 넣어 보면 83×50=4150, 83×51=4233, 83×5̲2̲=̲4̲3̲1̲6̲, 83×5̲3̲=̲4̲3̲9̲9̲, 83×5̲4̲=̲4̲4̲8̲2̲, 83×55=4565, ...

❹ ◯ 안에 들어갈 수 있는 두 자리 수: 52, 53, 54 ⇨ 3개

대표 유형 04 779장

❶ (전체 메모지 수)=(한 묶음에 있는 메모지 수)×(묶음 수)

=40× 20 = 800 (장)

❷ (남은 메모지 수)=(전체 메모지 수)−(사용한 메모지 수)

= 800 −21= 779 (장)

예제   642권

❶ (전체 공책 수)=(한 묶음에 있는 공책 수)×(묶음 수)
$$=25 \times 30 = 750(권)$$
❷ (남은 공책 수)=(전체 공책 수)-(나누어 준 공책 수)
$$=750 - 108 = 642(권)$$

04-1   852개

❶ (상자에 담은 과자 수)=$22 \times 38 = 836$(개)
❷ (전체 과자 수)=$836 + 16 = 852$(개)

04-2   506개

❶ (전체 사과 수)=$8 \times 43 = 344$(개)
  (전체 배 수)=$6 \times 27 = 162$(개)
❷ 과일 가게에 있는 사과와 배는 모두 $344 + 162 = 506$(개)입니다.

04-3   정수, 25번

❶ (정수가 한 줄넘기 수)=$180 \times 5 = 900$(번)
  (해영이가 한 줄넘기 수)=$125 \times 7 = 875$(번)
❷ $900 > 875$이므로 정수가 줄넘기를 $900 - 875 = 25$(번) 더 많이 했습니다.

04-4   300원

❶ (우유 2개의 가격)=$650 \times 2 = 1300$(원)
  (젤리 5개의 가격)=$480 \times 5 = 2400$(원)
❷ (수현이가 내야 할 돈)=$1300 + 2400 = 3700$(원)
❸ (거스름돈)=$4000 - 3700 = 300$(원)

대표 유형 **05**   418 cm

❶ (색 테이프 4장의 길이의 합)=$127 \times 4 =$ $\boxed{508}$ (cm)
❷ (겹쳐진 부분의 수)=$4 - 1 =$ $\boxed{3}$ (군데)이므로
  (겹쳐진 부분의 길이의 합)=$30 \times$ $\boxed{3}$ $=$ $\boxed{90}$ (cm)
❸ (이어 붙인 색 테이프의 전체 길이)=$508 -$ $\boxed{90}$ $=$ $\boxed{418}$ (cm)

예제   773 cm

❶ (색 테이프 5장의 길이의 합)=$193 \times 5 = 965$ (cm)
❷ (겹쳐진 부분의 수)=$5 - 1 = 4$(군데)이므로
  (겹쳐진 부분의 길이의 합)=$48 \times 4 = 192$ (cm)
❸ (이어 붙인 색 테이프의 전체 길이)=$965 - 192 = 773$ (cm)

05-1   610 cm

❶ (색 테이프 20장의 길이의 합)=$40 \times 20 = 800$ (cm)
❷ (겹쳐진 부분의 수)=$20 - 1 = 19$(군데)이므로
  (겹쳐진 부분의 길이의 합)=$10 \times 19 = 190$ (cm)
❸ (이어 붙인 색 테이프의 전체 길이)=$800 - 190 = 610$ (cm)

05-2 269 cm

❶ (색 테이프 53장의 길이의 합)$=9×53=477$ (cm)

❷ (겹쳐진 부분의 수)$=53-1=52$(군데)이므로

(겹쳐진 부분의 길이의 합)$=4×52=208$ (cm)

❸ (이어 붙인 색 테이프의 전체 길이)$=477-208=269$ (cm)

05-3 652 cm

❶ (길이가 36 cm인 색 테이프 15장의 길이의 합)$=36×15=540$ (cm)

(길이가 22 cm인 색 테이프 14장의 길이의 합)$=22×14=308$ (cm)

➩ (색 테이프 29장의 길이의 합)$=540+308=848$ (cm)

❷ (겹쳐진 부분의 수)$=29-1=28$(군데)이므로

(겹쳐진 부분의 길이의 합)$=7×28=196$ (cm)

❸ (이어 붙인 색 테이프의 전체 길이)$=848-196=652$ (cm)

대표 유형 06 7

❶ $5×9=45$이므로 십의 자리에 올림한 수 $\boxed{4}$ 이/가 있습니다.

❷ $㉠×9$의 일의 자리 수는 $7-\boxed{4}=\boxed{3}$입니다.

❸ $\boxed{7}×9=63$ ➜ $㉠=\boxed{7}$

예제 6

❶ $2×7=14$이므로 십의 자리에 올림한 수 1이 있습니다.

❷ $㉠×7$의 일의 자리 수는 $3-1=2$입니다.

❸ $6×7=42$ ➩ $㉠=6$

06-1 2, 9

$$
\begin{array}{r}
㉠\ 4\ ㉡ \\
×\qquad 3 \\
\hline
7\ 4\ 7
\end{array}
$$

❶ $㉡×3$의 일의 자리 수가 7이므로 $9×3=27$ ➩ $㉡=9$이고

십의 자리에 올림한 수 2가 있습니다.

❷ $4×3=12$, $12+2=14$이므로 백의 자리에 올림한 수 1이 있습니다.

❸ $㉠×3$은 $7-1=6$이므로 $2×3=6$ ➩ $㉠=2$

06-2 (위부터) 7, 5

$$
\begin{array}{r}
2\ ㉠ \\
×\ ㉡\ 4 \\
\hline
1\ 0\ 8 \\
1\ 3\ 5\ 0 \\
\hline
1\ 4\ 5\ 8
\end{array}
$$

❶ $2㉠×4=108$에서 $㉠×4$의 일의 자리 수가 8인 경우는

$2×4=8$, $7×4=28$이므로 $㉠=2$ 또는 7입니다.

❷ $㉠=2$일 때 $22×4=88(×)$

$㉠=7$일 때 $27×4=108(○)$

❸ $27×㉡0=1350$에서 $27×㉡=135$입니다.

$7×㉡$의 일의 자리 수가 5이므로 $7×5=35$ ➩ $㉡=5$

06-3 6

❶ ▲×▲의 일의 자리 수가 6인 경우는 $4×4=16$, $6×6=36$이므로 ▲$=4$ 또는 6입니다.

❷ ▲$=4$일 때 $44×44=1936(×)$

▲$=6$일 때 $66×66=4356(○)$

❸ ▲에 알맞은 수는 6입니다.

대표 유형 07 3787

❶ 수의 크기를 비교하면 $7>5>4>1$이므로
  한 자리 수에 가장 큰 수인 $\boxed{7}$ 을/를 놓습니다.

❷ 가장 큰 수를 뺀 나머지 수 카드로 만들 수 있는 가장 큰 세 자리 수는 $\boxed{541}$ 입니다.

❸ 곱이 가장 큰 곱셈식: $\boxed{541} \times \boxed{7} = \boxed{3787}$

예제 5040

❶ 수의 크기를 비교하면 $8>6>3>0$이므로 한 자리 수에 가장 큰 수인 8을 놓습니다.

❷ 가장 큰 수를 뺀 나머지 수 카드로 만들 수 있는 가장 큰 세 자리 수는 630입니다.

❸ 곱이 가장 큰 곱셈식: $630 \times 8 = 5040$

07-1 938

❶ 수의 크기를 비교하면 $2<4<6<9$이므로 한 자리 수에 가장 작은 수인 2를 놓습니다.

❷ 4, 6, 9로 만들 수 있는 가장 작은 세 자리 수는 469입니다.

❸ 곱이 가장 작은 곱셈식: $469 \times 2 = 938$

07-2 5920

❶ 수의 크기를 비교하면 $8>7>4>0$이므로 두 수의 십의 자리에는 8과 7을 놓습니다.

❷
$$
\begin{array}{r}
8\ 4 \\
\times\ 7\ 0 \\
\hline
5\ 8\ 8\ 0
\end{array}
,\quad
\begin{array}{r}
7\ 4 \\
\times\ 8\ 0 \\
\hline
5\ 9\ 2\ 0
\end{array}
$$

❸ 곱이 가장 큰 곱셈식: $74 \times 80 = 5920$

07-3 2782

❶ 정희: 수의 크기를 비교하면 $6>5>2>1$이므로 두 수의 십의 자리에는 6과 5를 놓습니다.

$$
\begin{array}{r}
6\ 2 \\
\times\ 5\ 1 \\
\hline
3\ 1\ 6\ 2
\end{array}
,\quad
\begin{array}{r}
6\ 1 \\
\times\ 5\ 2 \\
\hline
3\ 1\ 7\ 2
\end{array}
\ \Rightarrow\ 가장\ 큰\ 곱은\ 3172입니다.
$$

❷ 태민: 수의 크기를 비교하면 $1<2<5<6$이므로 두 수의 십의 자리에는 1과 2를 놓습니다.

$$
\begin{array}{r}
1\ 6 \\
\times\ 2\ 5 \\
\hline
4\ 0\ 0
\end{array}
,\quad
\begin{array}{r}
1\ 5 \\
\times\ 2\ 6 \\
\hline
3\ 9\ 0
\end{array}
\ \Rightarrow\ 가장\ 작은\ 곱은\ 390입니다.
$$

❸ (두 곱의 차)$=3172-390=2782$

대표 유형 08 133, 5, 665

❶ 131부터 135까지 1씩 커지는 수 $\boxed{5}$ 개를 더한 것입니다.

❷
$$131+132+133+134+135$$

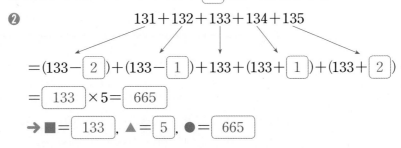

$= (133-\boxed{2})+(133-\boxed{1})+133+(133+\boxed{1})+(133+\boxed{2})$

$= \boxed{133} \times 5 = \boxed{665}$

➜ $\blacksquare = \boxed{133}$, $\blacktriangle = \boxed{5}$, $\bullet = \boxed{665}$

예제 347, 7, 2429

❶ 344부터 350까지 1씩 커지는 수 7개를 더한 것입니다.

❷ $344+345+346+347+348+349+350$
  $=(347-3)+(347-2)+(347-1)+347+(347+1)+(347+2)+(347+3)$
  $=\underline{347}\times\underline{7}=\underline{2429}$
  　　$\blacksquare$　$\blacktriangle$　$\bullet$

08-1 (왼쪽부터)
289, 289, 289,
289, 867

❶ 142부터 147까지 1씩 커지는 수 6개를 더한 것입니다.
❷ 142＋143＋144＋145＋146＋147
＝(142＋147)＋(143＋146)＋(144＋145)
＝289＋289＋289＝289×3＝867
$\rightarrow$ 6÷2＝3(개)

08-2 351

❶ 21부터 33까지 1씩 커지는 수 13개를 더한 것입니다.
❷ 21＋22＋23＋24＋25＋26＋27＋28＋29＋30＋31＋32＋33
＝(27−6)＋(27−5)＋(27−4)＋…＋(27＋4)＋(27＋5)＋(27＋6)
＝27×13＝351
$\rightarrow$ 가운데 수

08-3 2400

❶ 231부터 249까지 2씩 커지는 수 10개를 더한 것입니다.
❷ 231＋233＋235＋…＋245＋247＋249
＝(231＋249)＋(233＋247)＋(235＋245)＋(237＋243)＋(239＋241)
＝480×5＝2400
$\rightarrow$ 10÷2＝5(개)

실전
적용

28~31쪽

01 942 cm

❶ 육각형에는 길이가 같은 변이 6개 있습니다.
❷ (육각형의 여섯 변의 길이의 합)＝157×6＝942 (cm)

02 844명

❶ (남학생 수)＝16×30＝480(명)
(여학생 수)＝14×26＝364(명)
❷ (운동장에 서 있는 전체 학생 수)＝480＋364＝844(명)

03 437 cm

❶ (색 테이프 36장의 길이의 합)＝17×36＝612 (cm)
❷ (겹쳐진 부분의 수)＝36−1＝35(군데)이므로
(겹쳐진 부분의 길이의 합)＝5×35＝175 (cm)
❸ (이어 붙인 색 테이프의 전체 길이)＝612−175＝437 (cm)

04 504 m

❶ (한 변 위에 심은 나무 사이의 간격 수)＝15−1＝14(군데)
❷ (땅의 한 변의 길이)＝12×14＝168 (m)
❸ (땅의 세 변의 길이의 합)＝168×3＝504 (m)

다른 풀이

나무를 세 꼭짓점에는 한 그루씩만 심었으므로 전체 심은 나무는 15×3＝45(그루)에서
3그루를 뺀 45−3＝42(그루)입니다.
(나무 사이의 간격 수)＝(나무 수)＝42군데
(땅의 세 변의 길이의 합)＝12×42＝504 (m)

05 1610 cm

❶ 빨간색 선의 길이는 124 cm인 가로가 8개, 103 cm인 세로가 6개 있는 것과 같습니다.

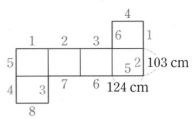

❷ (124 cm인 가로 길이의 합)=124×8=992 (cm)

(103 cm인 세로 길이의 합)=103×6=618 (cm)

❸ (빨간색 선의 길이)=992+618=1610 (cm)

06 6, 4

❶ ▼×■의 일의 자리 수가 4가 되는 경우를 (▼, ■)로 나타내면

(1, 4), (2, 7), (3, 8), (4, 6), (6, 9)입니다.

❷ ❶의 수로 ■▼×▼■를 구하면 41×14=574, 72×27=1944, 83×38=3154,

64×46=2944, 96×69=6624입니다.

❸ ■=6, ▼=4

07 3개

❶ ㉠에서 ⃝ 안에 6부터 차례대로 넣어 보면 178×6=1068, 178×7=1246, …

⇨ ⃝=1, 2, 3, 4, 5, 6

❷ ㉡에서 ⃝ 안에 3부터 차례대로 넣어 보면 593×3=1779, 593×4=2372, …

⇨ ⃝=4, 5, 6, 7, 8, 9

❸ ⃝ 안에 공통으로 들어갈 수 있는 수: 4, 5, 6 ⇨ 3개

08 2370

❶ 수의 크기를 비교하면 0<3<7<9이고, 0은 십의 자리에 올 수 없으므로 두 수의 십의

자리에는 3과 7을 놓습니다.

❷
```
    3 9          7 9
  × 7 0        × 3 0
  2 7 3 0  ,   2 3 7 0
```

❸ 곱이 가장 작은 곱셈식: 79×30=2370

09 1125

❶ 61부터 89까지 2씩 커지는 수 15개를 더한 것입니다.

❷ 61+63+65+67+69+71+73+75+77+79+81+83+85+87+89

=(75−14)+(75−12)+(75−10)+…+(75+10)+(75+12)+(75+14)

=75×15=1125

10 3, 8

❶ 4×8=32이므로 십의 자리에 올림한 수 3이 있습니다.

❷ ㉠×8의 일의 자리 수는 7−3=4입니다.

❸ 3×8=24이므로 ㉠=3일 때 634×8=5072 ⎤ ⇨ ㉠=3, 8

8×8=64이므로 ㉠=8일 때 684×8=5472 ⎦

2 나눗셈

활용 개념

(몇십)÷(몇), (몇십몇)÷(몇)

01 (1) 2, 20 (2) 3, 30
02 (1) 15 (2) 21 (3) 38
03 (1) 15 (2) 12
04 <
05 40, 2, 20
06 (1) 80 (2) 63 (3) 95
07 84

01 나누어지는 수가 10배가 되면 몫도 10배가 됩니다.

03 (1) 60>4이므로 60÷4=15
   (2) 84>7이므로 84÷7=12

04 88÷8=11, 42÷3=14
   ⇨ 11<14

05 (한 명에게 주는 사탕 수)
   =(전체 사탕 수)÷(나누어 주는 사람 수)
   =40÷2=20(개)

06 (1) ☐÷2=40 ⇨ 40×2=☐, ☐=80
   (2) ☐÷3=21 ⇨ 21×3=☐, ☐=63
   (3) ☐÷5=19 ⇨ 19×5=☐, ☐=95

07 어떤 수를 ☐라 하면
   ☐÷6=14 ⇨ 14×6=☐, ☐=84이므로
   어떤 수는 84입니다.

나머지가 있는 (몇십)÷(몇), (몇십몇)÷(몇)

01 (1) 11 ⋯ 2 / 11, 2
   (2) 12 ⋯ 3 / 12, 3
02 (   )(○)(   )
03 9, 1, 64
04 (1) 5×13=65, 65+2=67 / (○)
   (2) 2×37=74, 74+1=75 / (×)
05 14일

02 40÷6=6 ⋯ 4, 96÷8=12, 63÷5=12 ⋯ 3
   나머지가 0일 때 나누어떨어진다고 하므로 나누어떨어지는 나눗셈은 96÷8입니다.

04 (1) 67÷5=13 ⋯ 2
   [확인] 5×13=65, 65+2=67 (○)
   (2) 73÷2=37 ⋯ 1
   [확인] 2×37=74, 74+1=75 (×)

05 94÷7=13 ⋯ 3
   동화책을 하루에 7쪽씩 13일 동안 읽으면 3쪽이 남습니다.
   남은 3쪽도 읽어야 하므로 동화책을 모두 읽는 데
   13+1=14(일)이 걸립니다.

(세 자리 수)÷(한 자리 수)

01 (1) 105 (2) 270 (3) 84
02 (1) 328, 1 (2) 82, 7
03 =
04 ⑤
05 8
06 987÷3, 329 / 378÷9, 42

03 453÷6=75 ⋯ **3**, 591÷4=147 ⋯ **3**
   ⇨ 3=3

04 나머지는 나누는 수보다 작아야 하므로 나머지가 될 수 없는 수는 ⑤ 5입니다.

05 나머지는 나누는 수보다 작아야 하므로 나머지가 될 수 있는 수는 9보다 작은 수이고, 그중 가장 큰 수는 8입니다.

06 • 몫이 가장 큰 나눗셈:
   세 자리 수는 가장 크게, 한 자리 수는 가장 작게 해야 합니다.
   9>8>7>3이므로 987÷3=329
   • 몫이 가장 작은 나눗셈:
   세 자리 수는 가장 작게, 한 자리 수는 가장 크게 해야 합니다.
   3<7<8<9이므로 378÷9=42

대표 유형 01 3개

❶ 70÷7= 10 , 56÷4= 14

❷ 10 < ■ < 14 에서 ■에 들어갈 수 있는 자연수는

11 , 12 , 13 (으)로 모두 3 개입니다.

예제 4개

❶ 96÷6=16, 189÷9=21

❷ 16< ○ <21에서 ○ 안에 들어갈 수 있는 자연수는

17, 18, 19, 20으로 모두 4개입니다.

01-1 8개

❶ 176÷8=22, 148÷4=37

❷ 22< ○ <37에서 ○ 안에 들어갈 수 있는 20부터 30까지의 자연수는

23, 24, 25, 26, 27, 28, 29, 30으로 모두 8개입니다.

01-2 3개

❶ 62÷2=31, 160÷4=40

⇨ 31< ○ <40에서 ○ 안에 들어갈 수 있는 자연수는

32, 33, 34, 35, 36, 37, 38, 39입니다.

❷ 216÷6=36, 205÷5=41

⇨ 36< ○ <41에서 ○ 안에 들어갈 수 있는 자연수는 37, 38, 39, 40입니다.

❸ ○ 안에 공통으로 들어갈 수 있는 자연수: 37, 38, 39 ⇨ 3개

01-3 4개

❶ 84÷7=12, 96÷3=32

❷ 12< ○ ×4<32에서 12÷4=3, 32÷4=8이므로 3< ○ <8입니다.

❸ ○ 안에 들어갈 수 있는 자연수: 4, 5, 6, 7 ⇨ 4개

대표 유형 02 17줄

❶ (전체 학생 수)=(남학생 수)+(여학생 수)

=46+39= 85 (명)

❷ (학생들이 선 줄의 수)=(전체 학생 수)÷(한 줄에 선 학생 수)

= 85 ÷5= 17 (줄)

예제 23권

❶ (전체 책 수)=(동화책 수)+(위인전 수)

=55+37=92(권)

❷ (책꽂이 한 칸에 꽂아야 할 책 수)=(전체 책 수)÷(책꽂이 칸수)

=92÷4=23(권)

02-1 13명

❶ (남은 초콜릿 수)=100−9=91(개)

❷ (나누어 줄 수 있는 사람 수)=91÷7=13(명)

02-2 37봉지

❶ (전체 사과 수)=15×20=300(개)

❷ 300÷8=37 … 4

사과는 8개씩 37봉지가 되고 4개가 남습니다.

❸ 남은 사과는 팔 수 없으므로 팔 수 있는 사과는 37봉지입니다.

02-3 81개

❶ (연필을 담는 데 필요한 봉지 수)=364÷7=52(개)

❷ (지우개를 담는 데 필요한 봉지 수)=87÷3=29(개)

❸ (필요한 봉지 수)=52+29=81(개)

02-4 145 cm

❶ (노란색 테이프 한 장의 길이)=228÷6=38 (cm)

❷ (노란색 테이프 한 장의 길이)+(빨간색 테이프 2장의 길이)=328 cm이므로

(빨간색 테이프 2장의 길이)=328−38=290 (cm)

❸ (빨간색 테이프 한 장의 길이)=290÷2=145 (cm)

대표 유형 03 80

❶ 나누는 수가 $\boxed{3}$ 이므로 ▲가 될 수 있는 수는 1, $\boxed{2}$ 입니다.

❷ ▲=$\boxed{2}$ 일 때 나누어지는 수(■)가 가장 큽니다.

❸ 3×26=$\boxed{78}$, $\boxed{78}$ +$\boxed{2}$ =$\boxed{80}$

➡ ■에 알맞은 수 중에서 가장 큰 수는 $\boxed{80}$ 입니다.

참고

나머지는 나누는 수보다 항상 작아야 합니다.

예제 79

❶ 나누는 수가 5이므로 ▲가 될 수 있는 수는 1, 2, 3, 4입니다.

❷ ▲=4일 때 나누어지는 수(■)가 가장 큽니다.

❸ 5×15=75, 75+4=79

⇨ ■에 알맞은 수 중에서 가장 큰 수는 79입니다.

03-1 278

❶ 나누는 수가 7이므로 ▲가 될 수 있는 수는 1, 2, 3, 4, 5, 6입니다.

❷ ▲=5일 때 ■가 두 번째로 큰 수가 됩니다.

❸ 7×39=273, 273+5=278

⇨ ■에 알맞은 수 중에서 두 번째로 큰 수는 278입니다.

03-2 615

❶ ●÷4＝153 ⋯ (나머지)에서
나누는 수가 4이므로 나머지가 될 수 있는 수는 1, 2, 3입니다.
❷ 나머지가 3일 때 ●가 가장 큽니다.
❸ 4×153＝612, 612＋3＝615
  ⇨ ●에 알맞은 수 중에서 가장 큰 수는 615입니다.

03-3 1, 4, 7

❶ 나누는 수가 6이므로 나올 수 있는 가장 큰 나머지는 5입니다.
❷ 나누어지는 수보다 5 작은 수인 ☐7−5＝☐2가 6으로 나누어떨어집니다.
❸ 일의 자리 숫자가 2인 수 중 6으로 나누어떨어지는 수를 찾으면
  12÷6＝2, 42÷6＝7, 72÷6＝12에서 12, 42, 72입니다.
❹ ☐ 안에 알맞은 수: 1, 4, 7

대표 유형 04 5, 4, 1, 2

❶ ㉠×1＝5이므로 ㉠＝ 5
❷ 21에서 1은 ㉢을 내려 쓴 것이므로 ㉢＝ 1
❸ 21−㉣0＝1이므로 ㉣＝ 2 이고, ㉠×㉡＝㉣0에서 5×㉡＝20이므로 ㉡＝ 4

예제 3, 5, 7, 5

❶ ㉠×2＝6이므로 ㉠＝3
❷ 1㉢에서 ㉢은 77에서 7을 내려 쓴 것이므로 ㉢＝7
❸ 17−1㉣＝2이므로 ㉣＝5이고, ㉠×㉡＝1㉢에서 3×㉡＝15이므로 ㉡＝5

04-1 (위부터) 6, 9, 3,
3, 6

$$
\begin{array}{r}
1\ ㉠ \\
6\,)\,\overline{㉡\ 8} \\
6 \\
\overline{㉢\ 8} \\
\overline{㉣\ ㉤} \\
2
\end{array}
$$

❶ 8−㉤＝2이므로 ㉤＝6
❷ 6×㉠＝㉣6에서 6×6＝36이므로 ㉠＝6, ㉣＝3
❸ ㉢8−36＝2이므로 ㉢＝30이고, ㉡−6＝30이므로 ㉡＝9

04-2 (위부터) 4, 9, 3,
5, 6, 2, 8

$$
\begin{array}{r}
㉡\ 2 \\
㉠\,)\,\overline{㉢\ 8\ ㉣} \\
3\ ㉤ \\
\overline{㉥\ 5} \\
1\ ㉦ \\
7
\end{array}
$$

❶ ㉥5에서 5는 위에서 내려 쓴 것이므로 ㉣＝5이고,
㉥5−1㉦＝7이므로 ㉥＝2, ㉦＝8
❷ ㉠×2＝180이므로 ㉠＝9
❸ 8−㉤＝2이므로 ㉤＝6이고, ㉢8−36＝2이므로 ㉢＝3
❹ 9×㉡＝360이므로 ㉡＝4

04-3 0, 4, 8

$$
\begin{array}{r}
㉡\ ㉢ \\
㉠\,)\,\overline{7\ ●} \\
㉣ \\
\overline{3\ ㉤} \\
㉥\ ㉦ \\
2
\end{array}
$$

❶ 7−㉣＝3이므로 ㉣＝4이고, ㉠×㉡＝4이므로 ㉠＝4, ㉡＝1
❷ 4×㉢＝㉥㉦, 3㉤−㉥㉦＝2에서
  ㉢＝7일 때 4×7＝28, 3[0]−28＝2에서 ●＝0
  ㉢＝8일 때 4×8＝32, 3[4]−32＝2에서 ●＝4
  ㉢＝9일 때 4×9＝36, 3[8]−36＝2에서 ●＝8
❸ ●에 들어갈 수 있는 수: 0, 4, 8

대표 유형 05 3, 3

❶ 어떤 수를 ■라 하여 잘못 계산한 식을 세우면 ■×5= 90

❷ 90 ÷5=■, ■= 18

❸ 바르게 계산하면 18 ÷5= 3 … 3

예제 11, 3

❶ 어떤 수를 ☐라 하여 잘못 계산한 식을 세우면 ☐×4=188

❷ 188÷4=☐, ☐=47

❸ 바르게 계산하면 47÷4=11 … 3

05-1 13, 4

❶ 어떤 수를 ☐라 하여 잘못 계산한 식을 세우면 ☐+60=142

❷ 142−60=☐, ☐=82

❸ 바르게 계산하면 82÷6=13 … 4

05-2 58, 1

❶ 어떤 수를 ☐라 하여 잘못 계산한 식을 세우면 ☐÷3=97

❷ 3×97=☐, ☐=291

❸ 바르게 계산하면 291÷5=58 … 1

05-3 45

❶ 7로 나누었을 때 나올 수 있는 나머지 중 가장 큰 수는 6입니다.

❷ 어떤 수를 ☐라 하여 식을 세우면 ☐÷7=57 … 6

❸ 7×57=399, 399+6=405이므로 ☐=405

❹ 405를 9로 나누면 405÷9=45

05-4 38

❶ 어떤 수를 ☐라 하여 식을 세우면 53÷☐=6 … 5에서 53−5=48은 ☐로 나누어떨어집니다.

❷ 48÷☐=6 ⇨ 48÷6=☐, ☐=8

❸ 297을 8로 나누면 297÷8=37 … 1

❹ ❸에서 구한 몫과 나머지의 합은 37+1=38입니다.

대표 유형 06 2개

❶ 73÷5= 14 … 3

자두를 한 상자에 14 개씩 담으면 3 개가 남습니다.

❷ (적어도 더 필요한 자두 수)=(나누어 담는 상자 수)−(남는 자두 수)

=5− 3 = 2 (개)

예제	1자루

❶ $50 \div 3 = 16 \cdots 2$

연필을 한 명에게 16자루씩 주면 2자루가 남습니다.

❷ (적어도 더 필요한 연필 수)=(나누어 주는 사람 수)−(남는 연필 수)
　　　　　　　　　　　　　$=3-2=1$(자루)

06-1 6개

❶ (민지가 먹고 남은 젤리 수)=$100-16=84$(개)

❷ $84 \div 9 = 9 \cdots 3$

젤리를 한 명에게 9개씩 주면 3개가 남습니다.

❸ (적어도 더 필요한 젤리 수)=$9-3=6$(개)

06-2 5개

❶ (전체 감자 수)=$68+95=163$(개)

❷ $163 \div 7 = 23 \cdots 2$

감자를 한 상자에 23개씩 담으면 2개가 남습니다.

❸ (적어도 더 필요한 감자 수)=$7-2=5$(개)

06-3 1상자

❶ (전체 도넛 수)=$6 \times 15 = 90$(개)

❷ $90 \div 8 = 11 \cdots 2$

도넛을 한 접시에 11개씩 담으면 2개가 남습니다.

❸ (적어도 더 필요한 도넛 수)=$8-2=6$(개)이므로 도넛은 적어도 1상자 더 필요합니다.

> **주의**
>
> 도넛을 상자로만 판매하므로 6개로 답하지 않도록 주의합니다.

06-4 3개

❶ 종현이네 모둠 학생 수를 ▢명이라 하면 $49 \div ▢ = 7 \Rightarrow 49 \div 7 = ▢$, ▢$=7$

❷ $137 \div 7 = 19 \cdots 4$

지우개를 종현이네 모둠 학생 한 명에게 19개씩 주면 4개가 남습니다.

❸ (적어도 더 필요한 지우개 수)=$7-4=3$(개)

대표 유형 07 72, 75, 78

❶ 70부터 80까지의 자연수를 3으로 나누면

$70 \div 3 = \boxed{23} \cdots \boxed{1}$, $71 \div 3 = \boxed{23} \cdots \boxed{2}$, $72 \div 3 = \boxed{24}$, ...

➔ 3으로 나누어떨어지는 가장 작은 수는 $\boxed{72}$ 입니다.

❷ 72가 3으로 나누어떨어지므로

$72 + 3 = \boxed{75}$, $72 + 3 + 3 = \boxed{78}$, $72 + 3 + 3 + 3 = \boxed{81}$, ...도
3으로 나누어떨어집니다.

❸ 조건을 만족하는 수: 72, $\boxed{75}$, $\boxed{78}$

예제	84, 91, 98

❶ 80부터 100까지의 자연수를 7로 나누면

$80 \div 7 = 11 \cdots 3, 81 \div 7 = 11 \cdots 4, 82 \div 7 = 11 \cdots 5, 83 \div 7 = 11 \cdots 6,$
$84 \div 7 = 12, \cdots$

⇨ 7로 나누어떨어지는 가장 작은 수는 84입니다.

❷ 84가 7로 나누어떨어지므로

$84 + 7 = 91, 84 + 7 + 7 = 98, 84 + 7 + 7 + 7 = 105, \cdots$도 7로 나누어떨어집니다.

❸ 조건을 만족하는 수: 84, 91, 98

07-1 312, 318, 324

❶ 310보다 크고 330보다 작은 자연수를 6으로 나누면

$311 \div 6 = 51 \cdots 5, 312 \div 6 = 52, \cdots$

⇨ 6으로 나누어떨어지는 가장 작은 수는 312입니다.

❷ 312가 6으로 나누어떨어지므로

$312 + 6 = 318, 318 + 6 = 324, 324 + 6 = 330, \cdots$도 6으로 나누어떨어집니다.

❸ 조건을 만족하는 수: 312, 318, 324

07-2 173, 181, 189, 197

❶ 170보다 크고 200보다 작은 자연수를 8로 나누면

$171 \div 8 = 21 \cdots 3, 172 \div 8 = 21 \cdots 4, 173 \div 8 = 21 \cdots 5, \cdots$

⇨ 8로 나누었을 때 나머지가 5인 가장 작은 수는 173입니다.

❷ 173이 8로 나누었을 때 나머지가 5이므로

$173 + 8 = 181, 181 + 8 = 189, 189 + 8 = 197, 197 + 8 = 205, \cdots$도 8로 나누었을 때 나머지가 5입니다.

❸ 조건을 만족하는 수: 173, 181, 189, 197

07-3 64

❶ 50보다 크고 70보다 작은 자연수를 4로 나누면

$51 \div 4 = 12 \cdots 3, 52 \div 4 = 13, \cdots$

⇨ 4로 나누어떨어지는 가장 작은 수는 52입니다.

❷ 50보다 크고 70보다 작은 자연수 중 4로 나누어떨어지는 수는 52, 56, 60, 64, 68입니다.

❸ $52 \div 9 = 5 \cdots 7, 56 \div 9 = 6 \cdots 2, 60 \div 9 = 6 \cdots 6, 64 \div 9 = 7 \cdots$ ❶,

$68 \div 9 = 7 \cdots 5$이므로 조건을 모두 만족하는 수는 64입니다.

대표 유형 **08**	180 cm

❶ 가장 작은 직사각형의 가로는 정사각형의 한 변을 2로 나눈 것과 같습니다.

→ $108 \div \boxed{2} = \boxed{54}$ (cm)

❷ 가장 작은 직사각형의 세로는 정사각형의 한 변을 3으로 나눈 것과 같습니다.

→ $108 \div \boxed{3} = \boxed{36}$ (cm)

❸ (가장 작은 직사각형 한 개의 네 변의 길이의 합)

$= \underset{\text{(가로)}}{\boxed{54}} + \underset{\text{(세로)}}{\boxed{36}} + \underset{\text{(가로)}}{\boxed{54}} + \underset{\text{(세로)}}{\boxed{36}} = \boxed{180}$ (cm)

예제   204 cm

❶ 가장 작은 직사각형의 가로는 정사각형의 한 변을 2로 나눈 것과 같습니다.
    ⇨ $136 \div 2 = 68$ (cm)

❷ 가장 작은 직사각형의 세로는 정사각형의 한 변을 4로 나눈 것과 같습니다.
    ⇨ $136 \div 4 = 34$ (cm)

❸ (가장 작은 직사각형 한 개의 네 변의 길이의 합)
    $= 68 + 34 + 68 + 34 = 204$ (cm)

08-1   184 cm

❶ 가장 작은 직사각형의 가로는 가장 큰 직사각형의 가로를 5로 나눈 것과 같습니다.
    ⇨ $275 \div 5 = 55$ (cm)

❷ 가장 작은 직사각형의 세로는 가장 큰 직사각형의 세로를 2로 나눈 것과 같습니다.
    ⇨ $74 \div 2 = 37$ (cm)

❸ (가장 작은 직사각형 한 개의 네 변의 길이의 합)
    $= 55 + 37 + 55 + 37 = 184$ (cm)

08-2   152 cm

❶ 가장 작은 정사각형의 한 변은 가장 큰 정사각형의 한 변을 3으로 나눈 것과 같습니다.
    ⇨ $57 \div 3 = 19$ (cm)

❷ (두 번째로 작은 정사각형의 한 변의 길이) $= 19 \times 2 = 38$ (cm)

❸ (두 번째로 작은 정사각형 한 개의 네 변의 길이의 합)
    $= 38 + 38 + 38 + 38 = 38 \times 4 = 152$ (cm)

08-3   78 cm

❶ (가장 큰 삼각형의 한 변의 길이) $= 312 \div 3 = 104$ (cm)

❷ 가장 작은 삼각형의 한 변은 가장 큰 삼각형의 한 변을 4로 나눈 것과 같습니다.
    ⇨ $104 \div 4 = 26$ (cm)

❸ (가장 작은 삼각형 한 개의 세 변의 길이의 합)
    $= 26 + 26 + 26 = 26 \times 3 = 78$ (cm)

대표 유형 09   12, 4

❶ $\blacksquare \div \blacktriangle = 3$ 에서 $\blacksquare = \blacktriangle \times \boxed{3}$

❷ $\blacksquare \times \blacktriangle = \blacktriangle \times \boxed{3} \times \blacktriangle = 48$, $\blacktriangle \times \blacktriangle = \boxed{16}$ 에서 $4 \times 4 = \boxed{16}$ 이므로 $\blacktriangle = \boxed{4}$

❸ $\blacktriangle = \boxed{4}$ 이므로 $\blacksquare = \boxed{4} \times 3 = \boxed{12}$

예제   42, 6

❶ $\blacksquare \div \blacktriangle = 7$ 에서 $\blacksquare = \blacktriangle \times 7$

❷ $\blacksquare \times \blacktriangle = \blacktriangle \times 7 \times \blacktriangle = 252$, $\blacktriangle \times \blacktriangle = 36$ 에서 $6 \times 6 = 36$ 이므로 $\blacktriangle = 6$

❸ $\blacktriangle = 6$ 이므로 $\blacksquare = 6 \times 7 = 42$

09-1 40

❶ ●÷◆=4에서 ●=◆×4

❷ ●×◆=◆×4×◆=256, ◆×◆=64에서 8×8=64이므로 ◆=8

❸ ◆=8이므로 ●=8×4=32

❹ ●+◆=32+8=40

09-2 15, 3

❶ 큰 수를 ■, 작은 수를 ▲라 하면 ■÷▲=9에서 ■=▲×9입니다.

❷ ■×▲=▲×9×▲=441, ▲×▲=49에서 7×7=49이므로 ▲=7

❸ ▲=7이므로 ■=7×9=63

❹ ■÷4=63÷4=15⋯3

09-3 9, 38

❶ 큰 수를 ■, 작은 수를 ▲라 하면 ■−▲=29, ■÷▲=4⋯2입니다.

❷ ■−▲=29에서 ■=▲+29이고, ■÷▲=4⋯2에서 ■는 ▲×4에 2를 더한 수이므로 ■−2=▲+29−2=▲+27=▲×4입니다.

❸ ▲×4=▲+▲+▲+▲이므로
▲+27=▲+▲+▲+▲, 27=▲+▲+▲=▲×3, ▲=9

❹ ▲=9이므로 ■=9+29=38

58~61쪽

01 7개

❶ 102÷6=17, 75÷3=25

❷ 17<◯<25에서 ◯ 안에 들어갈 수 있는 자연수는
18, 19, 20, 21, 22, 23, 24로 모두 7개입니다.

02 167

❶ 나누는 수가 7이므로 ▲가 될 수 있는 수는 1, 2, 3, 4, 5, 6입니다.

❷ ▲=6일 때 ■가 가장 큽니다.

❸ 7×23=161, 161+6=167
⇨ ■에 알맞은 수 중에서 가장 큰 수는 167입니다.

03 13일

❶ (동화책의 전체 쪽수)=16×7=112(쪽)

❷ 112÷9=12⋯4
동화책을 하루에 9쪽씩 12일 동안 읽으면 4쪽이 남습니다.

❸ 남은 4쪽도 읽어야 하므로 동화책을 모두 읽는 데 12+1=13(일)이 걸립니다.

04 32, 4

❶ 어떤 수를 ◯라 하여 잘못 계산한 식을 세우면 ◯×5=820

❷ 820÷5=◯, ◯=164

❸ 바르게 계산하면 164÷5=32⋯4

05 3개

❶ (전체 만두 수)=26+67=93(개)

❷ 93÷8=11 … 5

만두를 한 명이 11개씩 먹으면 5개가 남습니다.

❸ (적어도 더 필요한 만두 수)=8−5=3(개)

---

06 (위부터) 2, 3, 6, 9, 2, 7

$$\begin{array}{r} ㉡\ 9 \\ ㉠\overline{)\ 8\ 9} \\ ㉢ \\ \overline{2\ ㉣} \\ ㉤\ ㉥ \\ \overline{2} \end{array}$$

❶ 8−㉢=2이므로 ㉢=6

❷ ㉣은 89에서 9를 내려 쓴 것이므로 ㉣=9

❸ 29−㉤㉥=2에서 ㉤㉥=29−2=27이므로 ㉤=2, ㉥=7

❹ ㉠×9=27이므로 ㉠=3, 3×㉡=6이므로 ㉡=2

---

07 22, 1

❶ 큰 수를 ■, 작은 수를 ▲라 하면 ■÷▲=5에서 ■=▲×5입니다.

❷ ■×▲=▲×5×▲=405, ▲×▲=81에서 9×9=81이므로 ▲=9

❸ ▲=9이므로 ■=9×5=45

❹ ■÷2=45÷2=22 … 1

---

08 162

❶ 140보다 크고 170보다 작은 자연수를 6으로 나누면

141÷6=23 … 3, 142÷6=23 … 4, 143÷6=23 … 5, 144÷6=24, …

⇨ 6으로 나누어떨어지는 가장 작은 수는 144입니다.

❷ 140보다 크고 170보다 작은 자연수 중 6으로 나누어떨어지는 수는

144, 150, 156, 162, 168입니다.

❸ 144÷5=28 … 4, 150÷5=30, 156÷5=31 … 1, 162÷5=32 … ②,

168÷5=33 … 3이므로 조건을 모두 만족하는 수는 162입니다.

---

09 56분

❶ (도막 수)=(전체 길이)÷(한 도막의 길이)

=105÷7=15(개)

❷ (자른 횟수)=(도막 수)−1=15−1=14(번)

❸ (전체 걸린 시간)=(한 번 자르는 데 걸린 시간)×(자른 횟수)

=4×14=56(분)

---

10 48 cm

❶ (가장 큰 정사각형의 한 변의 길이)=240÷4=60 (cm)

❷ (둘째에서 가장 작은 정사각형의 한 변의 길이)=60÷2=30 (cm)

(셋째에서 가장 작은 정사각형의 한 변의 길이)=60÷3=20 (cm)

(넷째에서 가장 작은 정사각형의 한 변의 길이)=60÷4=15 (cm)

(다섯째에서 가장 작은 정사각형의 한 변의 길이)=60÷5=12 (cm)

❸ (다섯째에서 가장 작은 정사각형 한 개의 네 변의 길이의 합)

=12+12+12+12=12×4=48 (cm)

3 원

활용개념

원 알아보기, 원의 성질

01

02 (1) 5, 5 (2) 9, 9

03 (1) 6 cm, 12 cm (2) 7 cm, 14 cm

04 52 cm

05 ㉡

02 한 원에서 반지름은 모두 같습니다.

03 (1) 반지름이 6 cm이므로

지름은 6×2=12 (cm)입니다.

(2) 지름이 14 cm이므로

반지름은 14÷2=7 (cm)입니다.

04 한 원에서 지름은 모두 같으므로

(정사각형의 한 변)=(원의 지름)=13 cm입니다.

⇨ (정사각형의 네 변의 길이의 합)=13×4

=52 (cm)

05 ㉡ (반지름이 9 cm인 원의 지름)=9×2=18 (cm)

⇨ 16 cm<18 cm이므로 크기가 더 큰 원은 ㉡입니다.

> **다른 풀이**
>
> ㉠ (지름이 16 cm인 원의 반지름)
>
> =16÷2=8 (cm)
>
> ⇨ 8 cm<9 cm이므로 크기가 더 큰 원은 ㉡입니다.

원 그리기, 여러 가지 모양 그리기

01 중심 / 8 / ㅇ

02 8 cm

03 지윤

04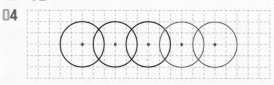

05

02 컴퍼스를 4 cm가 되도록 벌려 그린 원의 반지름은

4 cm입니다.

⇨ (원의 지름)=4×2=8 (cm)

03 정호: 원의 중심은 오른쪽으로 모눈 3칸, 5칸, 7칸만큼

이동합니다.

04 원의 반지름은 같고, 원의 중심이 오른쪽으로 모눈 3칸

씩 옮겨 가도록 그립니다.

05 ① 정사각형을 그립니다.

② 정사각형의 아래쪽 두 꼭짓점을 원의 중심으로 하는

원 2개의 일부분을 그립니다.

유형변형

대표 유형 01 2군데

❶ 모양을 그리는 데 이용한 원은 ☐3☐ 개입니다.

❷ 원의 중심이 같은 원은 ☐2☐ 개입니다.

❸ (원의 중심의 수)=3−2+1=☐2☐ (개)이므로

컴퍼스의 침을 꽂아야 할 곳은 모두 ☐2☐군데입니다.

예제	3군데

❶ 모양을 그리는 데 이용한 원은 4개입니다.

❷ 원의 중심이 같은 원은 2개입니다.

❸ (원의 중심의 수)=4-2+1=3(개)이므로
  컴퍼스의 침을 꽂아야 할 곳은 모두 3군데입니다.

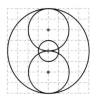

01-1 3군데

❶ 모양을 그리는 데 이용한 원은 5개입니다.

❷ 원의 중심이 같은 원은 2개씩 2쌍입니다.

❸ (원의 중심의 수)=5-4+2=3(개)이므로
  컴퍼스의 침을 꽂아야 할 곳은 모두 3군데입니다.

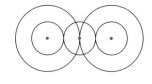

01-2 4군데

❶ 모양을 그리는 데 이용한 원은 4개입니다.

❷ 원의 중심이 같은 원은 없습니다.

❸ (원의 중심의 수)=4개이므로
  컴퍼스의 침을 꽂아야 할 곳은 모두 4군데입니다.

01-3 7군데

가 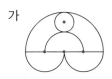   나

❶ 가: 이용한 원은 5개, 원의 중심이 같은 원은 2개
  ⇨ (원의 중심의 수)=5-2+1=4(개)

❷ 나: 이용한 원은 6개, 원의 중심이 같은 원은 2개씩 3쌍
  ⇨ (원의 중심의 수)=6-6+3=3(개)

❸ 컴퍼스의 침을 꽂아야 할 곳은 모두 4+3=7(군데)입니다.

대표 유형 **02**	4 cm

❶ (큰 원의 반지름)=(큰 원의 지름)÷ $\boxed{2}$
  $=16÷\boxed{2}=\boxed{8}$ (cm)

❷ (작은 원의 지름)=(큰 원의 반지름)= $\boxed{8}$ cm

❸ (작은 원의 반지름)=(작은 원의 지름)÷2
  $=\boxed{8}÷2=\boxed{4}$ (cm)

예제	7 cm

❶ (큰 원의 반지름)=(큰 원의 지름)÷2
  $=28÷2=14$ (cm)

❷ (작은 원의 지름)=(큰 원의 반지름)=14 cm

❸ (작은 원의 반지름)=(작은 원의 지름)÷2
  $=14÷2=7$ (cm)

02-1 5 cm

❶ 큰 원의 지름은 작은 원의 지름의 3배입니다.
❷ (작은 원의 지름)＝(큰 원의 지름)÷3＝30÷3＝10 (cm)
❸ (작은 원의 반지름)＝10÷2＝5 (cm)

02-2 3 cm

❶ (중간 원의 지름)＝(가장 큰 원의 반지름)＝24÷2＝12 (cm)
❷ (가장 작은 원의 지름)＝(중간 원의 반지름)＝12÷2＝6 (cm)
❸ (가장 작은 원의 반지름)＝6÷2＝3 (cm)

02-3 12 cm

❶ (중간 원의 지름)＝(가장 큰 원의 반지름)＝32÷2＝16 (cm)
❷ (가장 작은 원의 지름)＝(중간 원의 반지름)＝16÷2＝8 (cm)
❸ (가장 작은 원의 반지름)＝8÷2＝4 (cm)
❹ (선분 ㄱㄴ의 길이)＝(가장 작은 원의 반지름)＋(중간 원의 반지름)
　　　　　　　　　　＝4＋8＝12 (cm)

대표 유형 03 25 cm

❶ (큰 원의 지름)＝(큰 원의 반지름)× $\boxed{2}$
　　　　　　　＝9× $\boxed{2}$ ＝ $\boxed{18}$ (cm)
❷ (선분 ㄱㄷ의 길이)＝(작은 원의 반지름)＋(큰 원의 지름)
　　　　　　　　　　＝7＋ $\boxed{18}$ ＝ $\boxed{25}$ (cm)

예제 27 cm

❶ (작은 원의 지름)＝(작은 원의 반지름)×2
　　　　　　　　＝8×2＝16 (cm)
❷ (선분 ㄱㄷ의 길이)＝(작은 원의 지름)＋(큰 원의 반지름)
　　　　　　　　　　＝16＋11＝27 (cm)

03-1 16 cm

❶ (큰 원의 지름)＝5×2＝10 (cm),
　(작은 원의 지름)＝3×2＝6 (cm)
❷ (선분 ㄱㄹ의 길이)＝(큰 원의 지름)＋(작은 원의 지름)
　　　　　　　　　　＝10＋6＝16 (cm)

03-2 22 cm

❶ (작은 원의 지름)＝6×2＝12 (cm),
　(큰 원의 반지름)＝20÷2＝10 (cm)
❷ (선분 ㄱㄷ의 길이)＝(작은 원의 지름)＋(큰 원의 반지름)
　　　　　　　　　　＝12＋10＝22 (cm)

03-3 41 cm

❶ (가장 작은 원의 반지름)＝12÷2＝6 (cm),
　(가장 큰 원의 지름)＝13×2＝26 (cm)
❷ (선분 ㄱㄷ의 길이)＝(가장 작은 원의 반지름)＋(가장 큰 원의 지름)＋(중간 원의 반지름)
　　　　　　　　　　＝6＋26＋9＝41 (cm)

대표 유형 04 72 cm

❶ (직사각형의 가로)＝(원의 지름)×3
$$=9×3=27 \text{ (cm)}$$

❷ (직사각형의 세로)＝(원의 지름)＝9 cm

❸ (직사각형의 네 변의 길이의 합)＝27＋9＋27＋9＝72 (cm)

예제 80 cm

❶ (직사각형의 가로)＝(원의 지름)×4
$$=8×4=32 \text{ (cm)}$$

❷ (직사각형의 세로)＝(원의 지름)＝8 cm

❸ (직사각형의 네 변의 길이의 합)＝32＋8＋32＋8＝80 (cm)

04-1 80 cm

❶ (정사각형의 한 변의 길이)＝(원의 반지름)×4
$$=5×4=20 \text{ (cm)}$$

❷ (정사각형의 네 변의 길이의 합)＝20×4＝80 (cm)

04-2 196 cm

❶ (직사각형의 가로)＝(원의 반지름)×10
$$=7×10=70 \text{ (cm)}$$

❷ (직사각형의 세로)＝(원의 반지름)×4
$$=7×4=28 \text{ (cm)}$$

❸ (직사각형의 네 변의 길이의 합)＝70＋28＋70＋28＝196 (cm)

04-3 168 cm

❶ 선분 ㄱㄴ은 원의 반지름의 2배이므로 (원의 반지름)＝12÷2＝6 (cm)

❷ (원의 지름)＝6×2＝12 (cm)

❸ 초록색 선의 길이는 원의 지름의 14배이므로 (초록색 선의 길이)＝12×14＝168 (cm)

대표 유형 05 15 cm

❶ (중간 원의 반지름)＝3＋2＝5 (cm)

❷ (가장 큰 원의 반지름)＝5＋2＝7 (cm)

❸ (선분 ㄱㄴ의 길이)
＝(가장 작은 원의 반지름)＋(중간 원의 반지름)＋(가장 큰 원의 반지름)
＝3＋5＋7＝15 (cm)

예제 24 cm

❶ (중간 원의 반지름)＝5＋3＝8 (cm)

❷ (가장 큰 원의 반지름)＝8＋3＝11 (cm)

❸ (선분 ㄱㄴ의 길이)＝(가장 작은 원의 반지름)＋(중간 원의 반지름)＋(가장 큰 원의 반지름)
$$=5＋8＋11＝24 \text{ (cm)}$$

05-1 81 cm

❶ 원의 반지름은 왼쪽 원부터 순서대로
  9 cm, $9+4=13$ (cm), $13+4=17$ (cm), $17+4=21$ (cm)입니다.
❷ (선분 ㄱㄴ의 길이)$=9+13+17+21+21=81$ (cm)

> **주의**
> 가장 큰 원의 반지름을 1번만 더하지 않도록 주의합니다.

05-2 46 cm

❶ 원의 반지름은 왼쪽 원부터 순서대로
  2 cm, $2\times2=4$ (cm), $4\times2=8$ (cm), $8\times2=16$ (cm)입니다.
❷ (선분 ㄱㄴ의 길이)$=2+4+8+16+16=46$ (cm)

05-3 105 cm

❶ 6개의 원의 반지름은 왼쪽 원부터 순서대로
  3 cm, $3+6=9$ (cm), $9+6=15$ (cm), $15+6=21$ (cm), $21+6=27$ (cm), $27+6=33$ (cm)입니다.
❷ 양 끝에 놓인 원의 중심을 연결한 선분의 길이는 가장 작은 원의 반지름을 제외한 나머지 5개의 원의 반지름의 합과 같습니다.
❸ (양 끝에 놓인 원의 중심을 연결한 선분의 길이)$=9+15+21+27+33=105$ (cm)

대표 유형 06 8 cm

❶ 원이 $\boxed{4}$ 개이므로 선분 ㄱㄴ의 길이는 원의 반지름의 $\boxed{4}+1=\boxed{5}$ (배)입니다.
❷ (원의 반지름)$=$(선분 ㄱㄴ의 길이)$\div\boxed{5}$
  $=40\div\boxed{5}=\boxed{8}$ (cm)

예제 6 cm

❶ 원이 5개이므로 선분 ㄱㄴ의 길이는 원의 반지름의 $5+1=6$(배)입니다.
❷ (원의 반지름)$=$(선분 ㄱㄴ의 길이)$\div6$
  $=36\div6=6$ (cm)

06-1 15 cm

❶ 원이 8개이므로 선분 ㄱㄴ의 길이는 원의 반지름의 $8+1=9$(배)입니다.
❷ (원의 반지름)$=$(선분 ㄱㄴ의 길이)$\div9$
  $=135\div9=15$ (cm)

06-2 22개

❶ 선분 ㄱㄴ의 길이는 원의 반지름의 $161\div7=23$(배)입니다.
❷ 선분 ㄱㄴ의 길이가 원의 반지름의 23배이므로 원을 $23-1=22$(개) 그린 것입니다.

06-3 9 cm

❶ 원이 12개이므로 직사각형의 가로는 원의 반지름의 $12+1=13$(배)입니다.
  직사각형의 세로는 원의 지름과 같으므로 원의 반지름의 2배입니다.
❷ 직사각형의 네 변의 길이의 합은 원의 반지름의 $13+2+13+2=30$(배)입니다.
❸ (원의 반지름)$\times30=270$에서 $9\times30=270$이므로 원의 반지름은 9 cm입니다.

대표 유형 07 24 cm

❶ (삼각형의 한 변의 길이)=(원의 반지름)+(원의 반지름)
$$=\boxed{4}+\boxed{4}=\boxed{8}\,(\text{cm})$$
❷ (삼각형의 세 변의 길이의 합)=(삼각형의 한 변의 길이)×3
$$=\boxed{8}\times3=\boxed{24}\,(\text{cm})$$

참고

크기가 같은 세 원을 맞닿게 그린 후 원의 중심을 이어 만든 삼각형이므로 세 변의 길이가 모두 같습니다.

예제 56 cm

❶ (사각형의 한 변의 길이)=(원의 반지름)+(원의 반지름)
$$=7+7=14\,(\text{cm})$$
❷ (사각형의 네 변의 길이의 합)=(사각형의 한 변의 길이)×4
$$=14\times4=56\,(\text{cm})$$

07-1 56 cm

❶ (선분 ㄱㄴ의 길이)=6+9=15 (cm)
  (선분 ㄴㄷ의 길이)=9+13=22 (cm)
  (선분 ㄷㄱ의 길이)=13+6=19 (cm)
❷ (삼각형 ㄱㄴㄷ의 세 변의 길이의 합)=15+22+19=56 (cm)

07-2 34 cm

❶ (선분 ㄱㄴ의 길이)=(선분 ㄱㄷ의 길이)=5+8=13 (cm)
❷ (선분 ㄴㄷ의 길이)=(큰 원의 반지름)=8 cm
❸ (삼각형 ㄱㄴㄷ의 세 변의 길이의 합)=13+8+13=34 (cm)

07-3 52 cm

❶ (가장 작은 원의 반지름)=14÷2=7 (cm)이므로
  (선분 ㄱㄴ의 길이)=7+10=17 (cm),
  (선분 ㄱㄷ의 길이)=7+12=19 (cm)
❷ (선분 ㄴㄷ의 길이)=(중간 원의 반지름)+(가장 큰 원의 반지름)-(겹쳐진 부분의 길이)
$$=10+12-6=16\,(\text{cm})$$
❸ (삼각형 ㄱㄴㄷ의 세 변의 길이의 합)=17+16+19=52 (cm)

실전 적용

82~85쪽

01 5군데

❶ 모양을 그리는 데 이용한 원은 6개입니다.
❷ 원의 중심이 같은 원은 2개입니다.
❸ (원의 중심의 수)=6-2+1=5(개)이므로
  컴퍼스의 침을 꽂아야 할 곳은 모두 5군데입니다.

02 14 cm

❶ (작은 원의 지름)=4×2=8 (cm)
❷ (선분 ㄱㄷ의 길이)=(작은 원의 지름)+(큰 원의 반지름)
$$=8+6=14\,(\text{cm})$$

03 60 cm

❶ (직사각형의 가로)=(원의 반지름)×6=3×6=18 (cm)
❷ (직사각형의 세로)=(원의 반지름)×4=3×4=12 (cm)
❸ (직사각형의 네 변의 길이의 합)=18+12+18+12=60 (cm)

04 53 cm

❶ 원의 반지름은 왼쪽 원부터 순서대로
  7 cm, 7+2=9 (cm), 9+2=11 (cm), 11+2=13 (cm)입니다.
❷ (선분 ㄱㄴ의 길이)=7+9+11+13+13=53 (cm)

05 15개

❶ 선분 ㄱㄴ의 길이는 원의 반지름의 144÷9=16(배)입니다.
❷ 선분 ㄱㄴ의 길이가 원의 반지름의 16배이므로 원을 16-1=15(개) 그린 것입니다.

06 15 cm

❶ (중간 반원의 지름)=40÷2=20 (cm)
❷ (가장 작은 반원의 지름)=(중간 반원의 반지름)=20÷2=10 (cm)
❸ (가장 작은 반원의 반지름)=10÷2=5 (cm)
❹ (선분 ㄱㄴ의 길이)=10+5=15 (cm)

07 256 cm

❶ 선분 ㄱㄴ은 원의 반지름의 2배이므로 (원의 반지름)=16÷2=8 (cm)
❷ (원의 지름)=8×2=16 (cm)
❸ 안쪽 초록색 선의 길이는 원의 지름의 4배이므로 16×4=64 (cm)이고,
  바깥쪽 초록색 선의 길이는 원의 지름의 12배이므로 16×12=192 (cm)입니다.
❹ (초록색 선의 길이의 합)=64+192=256 (cm)

08 144 cm

❶ 삼각형의 한 변이 원의 반지름의 2배, 4배, 6배, …인 규칙입니다.
❷ 여섯째 삼각형의 한 변은 원의 반지름의 2×6=12(배)이므로
  (여섯째 삼각형의 한 변의 길이)=4×12=48 (cm)
❸ (여섯째 삼각형의 세 변의 길이의 합)=48×3=144 (cm)

09 26 cm

❶ 세 점 ㄱ, ㄴ, ㄷ을 원의 중심으로 하는 원의 반지름을 각각 ㉠ cm, ㉡ cm, ㉢ cm라
  하면
  (선분 ㄱㄴ의 길이)=(㉠+㉡) cm,
  (선분 ㄴㄷ의 길이)=(㉡+8+㉢) cm,
  (선분 ㄷㄱ의 길이)=(㉢+㉠) cm입니다.
❷ (삼각형의 세 변의 길이의 합)=(㉠+㉡)+(㉡+8+㉢)+(㉢+㉠)=60 (cm)
❸ ㉠+㉡+㉢+㉠+㉡+㉢+8=60,
  ㉠+㉡+㉢+㉠+㉡+㉢=60-8=52,
  ㉠+㉡+㉢=52÷2=26
❹ 세 원의 반지름의 합은 26 cm입니다.

활용 개념

분수로 나타내기

01 $3, 2, \dfrac{2}{3}$

02 (1) 2 (2) 8

03 15개   **04** 30권

05 (1) 24 (2) 72

---

01 8은 전체 3묶음 중에서 2묶음이므로 전체의 $\dfrac{2}{3}$입니다.

02 (1) 10 m를 똑같이 5로 나눈 것 중의 1은 2 m입니다.
(2) 10 m를 똑같이 5로 나눈 것 중의 4는 8 m입니다.

03 전체를 똑같이 8묶음으로 나누었을 때 한 묶음의 수는
$40 \div 8 = 5$(개)입니다.
$\Rightarrow \left(\text{전체 지우개의 } \dfrac{3}{8}\right) = 5 \times 3 = 15$(개)

04 전체를 똑같이 9묶음으로 나누었을 때 한 묶음의 수는
$54 \div 9 = 6$(권)입니다.
$\Rightarrow \left(\text{전체 책의 } \dfrac{5}{9}\right) = 6 \times 5 = 30$(권)

05 (1) □를 똑같이 6으로 나눈 것 중의 1은 4입니다.
$\Rightarrow$ □ $= 4 \times 6 = 24$
(2) □를 똑같이 8로 나눈 것 중의 1은 9입니다.
$\Rightarrow$ □ $= 9 \times 8 = 72$

여러 가지 분수

01 (1) 가 (2) 가 (3) 진 (4) 대

02 (1) $\dfrac{5}{3}$ (2) $2\dfrac{1}{2}$

03 $\dfrac{1}{4}, \dfrac{2}{4}, \dfrac{3}{4}$

04 ①, ③   **05** $\dfrac{77}{7}$

---

02 (1) $1\dfrac{2}{3}$는 $\dfrac{1}{3}$이 5개이므로 $1\dfrac{2}{3} = \dfrac{5}{3}$입니다.
(2) $\dfrac{5}{2}$는 $\dfrac{4}{2} = 2$와 $\dfrac{1}{2}$이므로 $\dfrac{5}{2} = 2\dfrac{1}{2}$입니다.

---

03 분모가 4인 진분수는 $\dfrac{1}{4}, \dfrac{2}{4}, \dfrac{3}{4}$입니다.

04 분모가 8인 가분수는 $\dfrac{8}{8}, \dfrac{9}{8}, \dfrac{10}{8}, \ldots$입니다.
$\Rightarrow$ ■가 될 수 있는 수는 11, 8입니다.

05 $1 = \dfrac{7}{7}$이므로 $\dfrac{1}{7}$이 7개
$\Rightarrow$ 11은 $\dfrac{1}{7}$이 77개이므로 $11 = \dfrac{77}{7}$

분모가 같은 분수의 크기 비교하기

01 $<$

02 (1) $<$ (2) $<$ (3) $>$ (4) $=$

03 $3\dfrac{3}{4}$ **04** $3\dfrac{1}{5}$

05 (1) 14, 15 (2) 3, 4

---

01 색칠한 부분의 넓이를 비교합니다.

02 (1) $20 < 23 \Rightarrow \dfrac{20}{6} < \dfrac{23}{6}$
(2) $6 < 7 \Rightarrow 6\dfrac{4}{9} < 7\dfrac{1}{9}$
(3) $7 > 5 \Rightarrow 2\dfrac{7}{8} > 2\dfrac{5}{8}$
(4) $\dfrac{19}{5} = 3\dfrac{4}{5}$

03 $\dfrac{14}{4} = 3\dfrac{2}{4}$
$\Rightarrow 3\dfrac{3}{4} > 3\dfrac{2}{4} > 2\dfrac{1}{4}$이므로 $3\dfrac{3}{4}$이 가장 큽니다.

04 $3\dfrac{1}{5} = \dfrac{16}{5}$
$\Rightarrow \dfrac{16}{5} < \dfrac{18}{5} < \dfrac{21}{5}$이므로 $3\dfrac{1}{5}\left(=\dfrac{16}{5}\right)$이 가장 작습니다.

05 (1) $13 < $ □ $ < 16$이므로
□ 안에 들어갈 수 있는 수는 14, 15입니다.
(2) $2 < $ □ $ < 5$이므로
□ 안에 들어갈 수 있는 수는 3, 4입니다.

대표 유형 01 $\frac{11}{24}$

❶ (처음 사탕의 수)=24개,

(남은 사탕의 수)=24− 13 = 11 (개)

❷ $\frac{(남은 \ 사탕의 \ 수)}{(처음 \ 사탕의 \ 수)}=\frac{11}{24}$

예제 $\frac{15}{32}$

❶ (처음 공책의 수)=32권, (남은 공책의 수)=32−17=15(권)

❷ $\frac{(남은 \ 공책의 \ 수)}{(처음 \ 공책의 \ 수)}=\frac{15}{32}$

01-1 $\frac{31}{53}$

❶ (처음 색종이의 수)=53장, (남은 색종이의 수)=53−12−10=31(장)

❷ $\frac{(남은 \ 색종이의 \ 수)}{(처음 \ 색종이의 \ 수)}=\frac{31}{53}$

01-2 $\frac{10}{19}$

❶ (처음 초콜릿의 수)=19개, (남은 초콜릿의 수)=19−5−4=10(개)

❷ $\frac{(남은 \ 초콜릿의 \ 수)}{(처음 \ 초콜릿의 \ 수)}=\frac{10}{19}$

01-3 $\frac{3}{8}$

❶ (주은이가 딴 감의 수)=16개, (민주에게 주고 남은 감의 수)=16−10=6(개)

❷ 감 16개를 2개씩 묶으면 8묶음이고 6개는 8묶음 중 3묶음입니다.

⇨ $\frac{3}{8}$

대표 유형 02 20개

❶ ┌ 32의 $\frac{1}{4}$은 32÷4= 8 입니다. ➔ 동생에게 준 과자 수: 8 개

└ 32의 $\frac{1}{8}$은 32÷8=4이므로 32의 $\frac{3}{8}$은 4× 3 = 12 입니다.

➔ 언니에게 준 과자 수: 12 개

❷ (동생과 언니에게 준 과자 수의 합)=8+ 12 = 20 (개)

예제 26자루

❶ ┌ 42의 $\frac{1}{7}$은 42÷7=6이므로 42의 $\frac{2}{7}$는 6×2=12 ⇨ 지수에게 준 연필 수: 12자루

└ 42의 $\frac{1}{3}$은 42÷3=14 ⇨ 서준이에게 준 연필 수: 14자루

❷ (지수와 서준이에게 준 연필 수의 합)=12+14=26(자루)

02-1 은빈

❶ ┌ 24의 $\frac{1}{3}$은 24÷3=80이므로 24의 $\frac{2}{3}$는 8×2=16 ⇨ 은빈이가 먹은 딸기 수: 16개

└ 24의 $\frac{1}{8}$은 24÷8=30이므로 24의 $\frac{5}{8}$는 3×5=15 ⇨ 정현이가 먹은 딸기 수: 15개

❷ 16개>15개이므로 딸기를 더 많이 먹은 사람은 은빈입니다.

02-2 105분

❶ ┌ 영어를 공부한 시간: 1시간=60분
└ 60의 $\frac{1}{4}$은 60÷4=15이므로 60의 $\frac{3}{4}$은 15×3=45 ⇨ 수학을 공부한 시간: 45분

❷ (영어와 수학을 공부한 시간의 합)=60+45=105(분)

02-3 10명

❶ 25의 $\frac{1}{5}$은 25÷5=5이므로 25의 $\frac{3}{5}$은 5×3=15

⇨ 안경을 낀 학생 수: 15명

❷ 15의 $\frac{1}{3}$은 15÷3=5

⇨ 안경을 낀 여학생 수: 5명

❸ (안경을 낀 남학생 수)=(안경을 낀 학생 수)−(안경을 낀 여학생 수)=15−5=10(명)

대표 유형 03 16

❶ $\frac{3}{4}$은 $\frac{1}{4}$이 3 개이므로 어떤 수의 $\frac{1}{4}$은 12÷ 3 = 4 입니다.

❷ (어떤 수)=4× 4 = 16

예제 64

❶ $\frac{5}{8}$는 $\frac{1}{8}$이 5개이므로 어떤 수의 $\frac{1}{8}$은 40÷5=8입니다.

❷ (어떤 수)=8×8=64

03-1 11

❶ $\frac{4}{11}$는 $\frac{1}{11}$이 4개이므로 어떤 수의 $\frac{1}{11}$은 36÷4=9입니다.

❷ (어떤 수)=9×11=99

❸ 99의 $\frac{1}{9}$은 99÷9=11

03-2 14

❶ $\frac{2}{7}$는 $\frac{1}{7}$이 2개이므로 어떤 수의 $\frac{1}{7}$은 6÷2=3입니다.

❷ (어떤 수)=3×7=21

❸ 21의 $\frac{1}{3}$은 21÷3=7

⇨ 21의 $\frac{2}{3}$는 7×2=14

03-3 36

❶ $\frac{11}{15}$은 $\frac{1}{15}$이 11개이므로 어떤 수의 $\frac{1}{15}$은 22÷11=2입니다.

❷ (어떤 수)=2×15=30

❸ $1\frac{1}{5}=\frac{6}{5}$이므로 30의 $\frac{1}{5}$은 30÷5=6

⇨ 30의 $\frac{6}{5}$은 6×6=36

03-4 120

❶ $\frac{17}{20}$은 $\frac{1}{20}$이 17개이므로 ■의 $\frac{1}{20}$은 85÷17=5입니다.

⇨ ■=5×20=100

❷ $\frac{5}{6}$는 $\frac{1}{6}$이 5개이므로 ●의 $\frac{1}{6}$은 ■÷5=100÷5=20입니다.

❸ ●=20×6=120

❶ $\dfrac{65}{12}=\boxed{5}\dfrac{5}{12}$

❷ $5\dfrac{\blacksquare}{12}<\boxed{5}\dfrac{5}{12}$ 이므로 ■에 들어갈 수 있는 자연수는 $\boxed{1}$, $\boxed{2}$, $\boxed{3}$, $\boxed{4}$ 입니다.

예제 5, 6

❶ $\dfrac{74}{7}=10\dfrac{4}{7}$

❷ $10\dfrac{\blacksquare}{7}>10\dfrac{4}{7}$ 이므로 ■에 들어갈 수 있는 자연수는 5, 6입니다.

04-1 18개

❶ $3\dfrac{4}{5}=\dfrac{19}{5}$

❷ $\dfrac{\blacksquare}{5}<\dfrac{19}{5}$ 이므로 ■에 들어갈 수 있는 자연수는 1부터 18까지의 수입니다.

⇨ 18개

04-2 9

❶ $\dfrac{90}{11}=8\dfrac{2}{11}$

❷ $\blacksquare\dfrac{2}{11}>8\dfrac{2}{11}$ 이므로 ■에 들어갈 수 있는 가장 작은 자연수는 9입니다.

04-3 3개

❶ $1\dfrac{7}{8}=\dfrac{15}{8}$ 이고, $\dfrac{\text{㉠}}{8}<\dfrac{15}{8}$ 이므로

㉠에 들어갈 수 있는 자연수는 1부터 14까지의 수입니다.

❷ $\dfrac{51}{20}=2\dfrac{11}{20}$ 이고, $2\dfrac{11}{20}<2\dfrac{\text{㉡}}{20}$ 이므로

㉡에 들어갈 수 있는 자연수는 12부터 19까지의 수입니다.

❸ ㉠과 ㉡에 공통으로 들어갈 수 있는 자연수는 12, 13, 14입니다.

⇨ 3개

대표 유형 **05** $\dfrac{3}{5}$, $\dfrac{3}{9}$, $\dfrac{5}{9}$

❶ 진분수는 분자가 분모보다 (큰 , 작은) 분수이므로

분모에 놓을 수 있는 수는 $\boxed{5}$, 9입니다.

❷ • 분모가 5인 경우: $\dfrac{\boxed{3}}{5}$　　• 분모가 9인 경우: $\dfrac{\boxed{3}}{9}$, $\dfrac{\boxed{5}}{9}$

예제 $\dfrac{6}{4}$, $\dfrac{8}{4}$, $\dfrac{8}{6}$

❶ 가분수는 분자가 분모와 같거나 분모보다 큰 분수이므로

분모에 놓을 수 있는 수는 4, 6입니다.

❷ • 분모가 4인 경우: $\dfrac{6}{4}$, $\dfrac{8}{4}$　　• 분모가 6인 경우: $\dfrac{8}{6}$

05-1 $2\dfrac{4}{7}$, $4\dfrac{2}{7}$, $7\dfrac{2}{4}$

❶ 대분수는 분수 부분이 진분수이므로

분모에 놓을 수 있는 수는 4, 7입니다.

❷ • 분모가 4인 경우: $7\dfrac{2}{4}$　　• 분모가 7인 경우: $2\dfrac{4}{7}$, $4\dfrac{2}{7}$

05-2 $\dfrac{29}{8}$

❶ 대분수는 자연수가 작을수록 더 작은 수이므로 가장 작은 수 3을 자연수 부분에 놓습니다.

❷ $\dfrac{5}{8} < \dfrac{7}{8}$이므로 가장 작은 대분수는 $3\dfrac{5}{8}$입니다.

❸ $3\dfrac{5}{8} = \dfrac{29}{8}$

05-3 6개

❶ 진분수는 분자가 분모보다 작은 분수이므로 분모가 두 자리 수, 분자가 한 자리 수가 되어야 합니다.

⇨ 분모가 될 수 있는 수: 25, 26, 52, 56, 62, 65

❷ 만들 수 있는 진분수: $\dfrac{6}{25}, \dfrac{5}{26}, \dfrac{6}{52}, \dfrac{2}{56}, \dfrac{5}{62}, \dfrac{2}{65}$ ⇨ 6개

대표 유형 06 4개

❶ 분모가 8인 진분수: $\boxed{\dfrac{1}{8}}, \dfrac{2}{8}, \dfrac{3}{8}, \dfrac{4}{8}, \boxed{\dfrac{5}{8}}, \boxed{\dfrac{6}{8}}, \boxed{\dfrac{7}{8}}$

❷ ❶에서 구한 분수 중 분자가 3보다 큰 분수: $\dfrac{4}{8}, \boxed{\dfrac{5}{8}}, \boxed{\dfrac{6}{8}}, \boxed{\dfrac{7}{8}}$ → $\boxed{4}$ 개

예제 5개

❶ 분모가 12인 가분수: $\dfrac{12}{12}, \dfrac{13}{12}, \dfrac{14}{12}, \dfrac{15}{12}, \dfrac{16}{12}, \dfrac{17}{12} \cdots$

❷ ❶에서 구한 분수 중 분자가 17보다 작은 분수: $\dfrac{12}{12}, \dfrac{13}{12}, \dfrac{14}{12}, \dfrac{15}{12}, \dfrac{16}{12}$ ⇨ 5개

06-1 10개

❶ 분모가 15인 진분수: $\dfrac{1}{15}, \dfrac{2}{15}, \dfrac{3}{15}, \dfrac{4}{15}, \cdots, \dfrac{13}{15}, \dfrac{14}{15}$

❷ ❶에서 구한 분수 중 $\dfrac{4}{15}$보다 큰 분수: $\dfrac{5}{15}, \dfrac{6}{15}, \cdots, \dfrac{13}{15}, \dfrac{14}{15}$ ⇨ 10개

06-2 4개

❶ 분모가 4인 가분수: $\dfrac{4}{4}, \dfrac{5}{4}, \dfrac{6}{4}, \dfrac{7}{4}, \dfrac{8}{4}, \dfrac{9}{4} \cdots$

❷ $2 = \dfrac{8}{4}$이므로 ❶에서 구한 분수 중 $\dfrac{8}{4}$보다 작은 분수: $\dfrac{4}{4}, \dfrac{5}{4}, \dfrac{6}{4}, \dfrac{7}{4}$ ⇨ 4개

06-3 5개

❶ 5<(분모)<8이므로 분모가 될 수 있는 수는 6, 7이고,
3<(분자)<9이므로 분자가 될 수 있는 수는 4, 5, 6, 7, 8입니다.

❷ 조건을 만족하는 가분수: $\dfrac{6}{6}, \dfrac{7}{6}, \dfrac{8}{6}, \dfrac{7}{7}, \dfrac{8}{7}$ ⇨ 5개

대표 유형 07 $\dfrac{5}{7}$

❶ 분모와 분자의 합이 12인 표를 완성하세요.

분모	2	3	4	5	6	7	8	⋯
분자	10	9	8	7	6	5	4	⋯

❷ 분모와 분자의 차가 2인 진분수는 $\dfrac{\boxed{5}}{\boxed{7}}$입니다.

예제 $\dfrac{5}{10}$

❶ 분모와 분자의 합이 15인 표를 만들고 분모와 분자의 차를 구합니다.

분모	⋯	7	8	9	10	11	12	⋯
분자	⋯	8	7	6	5	4	3	⋯
차	⋯	1	1	3	5	7	9	⋯

❷ 분모와 분자의 차가 5인 진분수는 $\dfrac{5}{10}$입니다.

07-1 $\dfrac{23}{11}$

❶ 분모와 분자의 합이 34인 표를 만들고 분모와 분자의 차를 구합니다.

분모	⋯	10	11	12	13	14	15	⋯
분자	⋯	24	23	22	21	20	19	⋯
차	⋯	14	12	10	8	6	4	⋯

❷ 분모와 분자의 차가 12인 가분수는 $\dfrac{23}{11}$입니다.

07-2 $\dfrac{7}{4}, \dfrac{4}{7}$

❶ 분모와 분자의 합이 11인 표를 만들고 분모와 분자의 차를 구합니다.

분모	2	3	4	5	6	7	8	9	10
분자	9	8	7	6	5	4	3	2	1
차	7	5	3	1	1	3	5	7	9

❷ 분모와 분자의 차가 3인 분수는 $\dfrac{7}{4}, \dfrac{4}{7}$입니다.

07-3 $\dfrac{15}{8}$

❶ 분모와 분자의 합이 23인 표를 만들고 분모의 2배보다 1만큼 더 작은 수를 구합니다.

분모	⋯	5	6	7	8	9	10	⋯
분자	⋯	18	17	16	15	14	13	⋯
분모의 2배보다 1만큼 더 작은 수	⋯	9	11	13	15	17	19	⋯

❷ 분자가 분모의 2배보다 1만큼 더 작은 가분수는 $\dfrac{15}{8}$입니다.

대표 유형 08 $\dfrac{58}{79}$

❶ **규칙** ┬ 분모: 3부터 $\boxed{4}$ 씩 커집니다.
　　　　　└ 분자: 1부터 $\boxed{3}$ 씩 커집니다.

❷ 20번째에 놓을 분수의 분모는 3부터 4씩 19번 커진 수 ➡ $3+\boxed{76}=\boxed{79}$ ← 4×19

　 20번째에 놓을 분수의 분자는 1부터 3씩 19번 커진 수 ➡ $1+\boxed{57}=\boxed{58}$ ← 3×19

❸ (20번째에 놓을 분수)$=\dfrac{\boxed{58}}{\boxed{79}}$

예제 $\dfrac{39}{40}$

❶ 규칙 ┌ 분모: 2부터 2씩 커집니다.
        └ 분자: 1부터 2씩 커집니다.

❷ 20번째에 놓을 분수의 분모는 2부터 2씩 19번(2×19) 커진 수 ⇨ $2+38=40$

　 20번째에 놓을 분수의 분자는 1부터 2씩 19번(2×19) 커진 수 ⇨ $1+38=39$

❸ (20번째에 놓을 분수)$=\dfrac{39}{40}$

08-1 $1\dfrac{27}{34}$

❶ 규칙 ┌ 분모: 5부터 1씩 커집니다.
        └ 분자: 3부터 2씩 커집니다.

❷ 30번째에 놓을 분수의 분모는 5부터 1씩 29번(1×29) 커진 수 ⇨ $5+29=34$

　 30번째에 놓을 분수의 분자는 3부터 2씩 29번(2×29) 커진 수 ⇨ $3+58=61$

❸ (30번째에 놓을 분수)$=\dfrac{61}{34}=1\dfrac{27}{34}$

08-2 $27\dfrac{8}{11}$

❶ 대분수를 가분수로 나타내면 $1\dfrac{6}{11}=\dfrac{17}{11}$, $2\dfrac{7}{11}=\dfrac{29}{11}$

　 규칙 ┌ 분모: 11로 일정합니다. 분자: 11부터 6씩 커집니다.
        └ 홀수 번째는 가분수, 짝수 번째는 대분수입니다.

❷ 50번째에 놓을 분수의 분자는 11부터 6씩 49번(6×49) 커진 수 ⇨ $11+294=305$

❸ 50번째는 짝수 번째이므로 대분수입니다. ⇨ $\dfrac{305}{11}=27\dfrac{8}{11}$

08-3 $\dfrac{2}{8}$

❶ 분모가 같은 분수끼리 묶으면 $\left(\dfrac{1}{2}\right)$, $\left(\dfrac{1}{3}, \dfrac{2}{3}\right)$, $\left(\dfrac{1}{4}, \dfrac{2}{4}, \dfrac{3}{4}\right)$, …입니다.

　 규칙 각 묶음은 분자가 1씩 커지면서 진분수가 1개씩 늘어납니다.

❷ 6번째 묶음까지의 분수의 개수는 $1+2+3+4+5+6=21$(개)이므로 23번째에 놓을
　 분수는 7번째 묶음의 2번째 수입니다.

❸ 7번째 묶음: $\left(\dfrac{1}{8}, \dfrac{2}{8}, \dfrac{3}{8}, \dfrac{4}{8}, \dfrac{5}{8}, \dfrac{6}{8}, \dfrac{7}{8}\right)$ ⇨ 7번째 묶음의 2번째 수: $\dfrac{2}{8}$

실전
적용

110~113쪽

01 35

❶ $\dfrac{2}{5}$는 $\dfrac{1}{5}$이 2개이므로 ▲의 $\dfrac{1}{5}$은 $14 \div 2=7$입니다.

❷ ▲$=7 \times 5=35$

02 7개

❶ 16의 $\dfrac{1}{8}$은 $16 \div 8=2$이므로 16의 $\dfrac{3}{8}$은 $2 \times 3=6$ ⇨ 누나에게 준 귤 수: 6개

❷ (남은 귤 수)$=16-6-3=7$(개)

03 $\dfrac{5}{10}$

❶ (처음 복숭아의 수)$=30$개, (남은 복숭아의 수)$=30-6-9=15$(개)

❷ 처음에 있던 복숭아 30개를 3개씩 묶으면 10묶음이고 15개는 10묶음 중 5묶음입니다.

　 ⇨ $\dfrac{5}{10}$

04 $\dfrac{34}{5}$

❶ 대분수는 자연수가 클수록 더 큰 수이므로 가장 큰 수 6을 자연수 부분에 놓습니다.

❷ $\dfrac{1}{5} < \dfrac{4}{5}$이므로 가장 큰 대분수는 $6\dfrac{4}{5}$입니다.

❸ $6\dfrac{4}{5} = \dfrac{34}{5}$

05 90

❶ $\dfrac{5}{9}$는 $\dfrac{1}{9}$이 5개이므로 어떤 수의 $\dfrac{1}{9}$은 $30 \div 5 = 6$입니다.

❷ (어떤 수)$= 6 \times 9 = 54$

❸ 54의 $\dfrac{1}{3}$은 $54 \div 3 = 18 \Rightarrow 54$의 $\dfrac{5}{3}$는 $18 \times 5 = 90$

06 $2\dfrac{1}{5}$

❶ 분모와 분자의 합이 16인 표를 만들고 분모와 분자의 차를 구합니다.

분모	⋯	3	4	5	6	7	8	⋯
분자	⋯	13	12	11	10	9	8	⋯
차	⋯	10	8	6	4	2	0	⋯

❷ 분모와 분자의 차가 6인 가분수는 $\dfrac{11}{5}$입니다. $\Rightarrow \dfrac{11}{5} = 2\dfrac{1}{5}$

07 7개

❶ 분모가 3인 가분수: $\dfrac{3}{3}, \dfrac{4}{3}, \dfrac{5}{3}, \cdots$

❷ $3\dfrac{1}{3} = \dfrac{10}{3}$이므로 ❶에서 구한 분수 중 $\dfrac{10}{3}$보다 작은 분수: $\dfrac{3}{3}, \dfrac{4}{3}, \cdots, \dfrac{8}{3}, \dfrac{9}{3} \Rightarrow$ 7개

08 18

❶ $\dfrac{45}{19} = 2\dfrac{7}{19}, \dfrac{137}{19} = 7\dfrac{4}{19}$

❷ $2\dfrac{7}{19} < \blacksquare\dfrac{7}{19} < 7\dfrac{4}{19}$이므로 $\blacksquare$에 들어갈 수 있는 자연수는 3, 4, 5, 6입니다.

❸ ($\blacksquare$에 들어갈 수 있는 자연수의 합)$= 3 + 4 + 5 + 6 = 18$

09 55

❶ 규칙 ┌ 분모: 3부터 2씩 커집니다.
       └ 분자: 1부터 5씩 커집니다.

❷ 20번째에 놓을 분수의 분모는 3부터 2씩 19번(2×19) 커진 수 $\Rightarrow 3 + 38 = 41$
   20번째에 놓을 분수의 분자는 1부터 5씩 19번(5×19) 커진 수 $\Rightarrow 1 + 95 = 96$

❸ (20번째에 놓을 분수)$= \dfrac{96}{41}$

❹ $41 < 96$이므로 $96 - 41 = 55$

10 54 cm

❶ 150의 $\dfrac{1}{5}$은 $150 \div 5 = 30$이므로 150의 $\dfrac{3}{5}$은 $30 \times 3 = 90$

   $\Rightarrow$ 첫 번째로 튀어 오른 공의 높이: 90 cm

❷ 90의 $\dfrac{1}{5}$은 $90 \div 5 = 18$이므로 90의 $\dfrac{3}{5}$은 $18 \times 3 = 54$

   $\Rightarrow$ 두 번째로 튀어 오른 공의 높이: 54 cm

들이

01 (1) 3200 (2) 6, 10 **02** (1) mL (2) L
03 (1) 400 (2) 5 **04** ㉮ 컵
05 (1) < (2) > **06** ㉠, ㉢, ㉡

01 (1) 3 L 200 mL＝3 L＋200 mL
＝3000 mL＋200 mL
＝3200 mL

(2) 6010 mL＝6000 mL＋10 mL
＝6 L＋10 mL＝6 L 10 mL

03 (1) 물이 채워진 그림의 눈금을 읽으면 400 mL입니다.
(2) 물이 채워진 그림의 눈금을 읽으면 5 L입니다.

04 각 컵으로 부은 횟수가 적을수록 컵의 들이가 더 많으므로 들이가 더 많은 컵은 ㉮ 컵입니다.

05 (1) 5 L 200 mL < 6 L
└─ 5 < 6 ─┘

(2) 3 L 600 mL > 3 L 60 mL
└─ 600 > 60 ─┘

06 ㉡ 8800 mL＝8 L 800 mL
┌─ 80 < 800 ─┐
➡ 7 L 800 mL < 8 L 80 mL < 8 L 800 mL
└─ 7 < 8 ─┘

들이의 덧셈과 뺄셈

01 (1) 8 L 250 mL (2) 1 L 700 mL
02 (1) 7900, 7, 900 (2) 6850, 6, 850
03 500 mL **04** 13 L 100 mL
05 850 mL **06** 5 L 800 mL

01 L는 L끼리, mL는 mL끼리 계산합니다.

02 (1) 2300 mL＋5600 mL＝7900 mL
＝7 L 900 mL

(2) 9000 mL－2150 mL＝6850 mL
＝6 L 850 mL

03 3 L 100 mL－2 L 600 mL＝500 mL

04 5400 mL＝5 L 400 mL
➡ 7 L 700 mL＋5 L 400 mL＝13 L 100 mL

05 (남은 주스의 양)＝(처음 주스의 양)－(마신 주스의 양)
＝1 L 500 mL－650 mL
＝850 mL

06 (따뜻한 물의 양)＝(뜨거운 물의 양)＋(차가운 물의 양)
＝3 L 300 mL＋2 L 500 mL
＝5 L 800 mL

무게

01 (1) 1250 (2) 4, 800
02 (1) g (2) t (3) kg
03 (1) 1700 g (2) 250 g
04 사과
05 (1) < (2) ＝
06 ㉢, ㉠, ㉡

01 (1) 1 kg 250 g＝1 kg＋250 g＝1000 g＋250 g
＝1250 g

(2) 4800 g＝4000 g＋800 g＝4 kg＋800 g
＝4 kg 800 g

03 (1) 저울의 바늘이 1700 g을 가리키므로 선물 상자의 무게는 1700 g입니다.
(2) 저울의 바늘이 200 g에서 작은 눈금 5칸 더 간 곳을 가리키므로 바나나의 무게는 250 g입니다.

04 복숭아는 구슬 6개의 무게와 같고, 사과는 구슬 8개의 무게와 같으므로 사과가 더 무겁습니다.

05 (1) 5 kg 80 g < 5 kg 105 g
└─ 80 < 105 ─┘

(2) 6800 g＝6 kg 800 g

06 ㉡ 3600 g＝3 kg 600 g, ㉢ 1 t＝1000 kg
┌─ 900 < 1000 ─┐
➡ 3 kg 600 g < 900 kg < 1000 kg
└─ 3 < 900 ─┘

01 (1) 4 kg 400 g (2) 1 kg 850 g
02 (1) 8200, 8, 200 (2) 3800, 3, 800
03 10 kg 150 g **04** (1) 9100 (2) 3500
05 9 kg 350 g **06** 7 kg 800 g

01 kg은 kg끼리, g은 g끼리 계산합니다.

02 (1) 7400 g+800 g=8200 g=8 kg 200 g
   (2) 5400 g−1600 g=3800 g=3 kg 800 g

03 4 kg 100 g+6 kg 50 g=10 kg 150 g

04 (1) 2 kg 100 g=2100 g, 7 kg=7000 g
   ⇨ ☐ g=7000 g+2100 g=9100 g,
   ☐ =9100
   (2) 8 kg 700 g=8700 g, 5 kg 200 g=5200 g
   ⇨ ☐ g=8700 g−5200 g=3500 g,
   ☐ =3500

05 (귤의 양)=(처음 귤의 양)+(더 담은 귤의 양)
   =5 kg+4 kg 350 g=9 kg 350 g

06 (남은 고구마의 양)
   =(처음 고구마의 양)−(할머니께 드린 고구마의 양)
   =14 kg 300 g−6 kg 500 g=7 kg 800 g

유형 변형

124~141쪽

대표 유형 01 혜지

❶ 2 kg과 어림한 무게의 차가 더 (많은 , (적은)) 사람이 더 가깝게 어림한 것입니다.
   • 혜지: 2 kg 100 g−2 kg= [100] g
   • 지성: 2 kg−1 kg 800 g= [200] g
❷ 100 g<200 g이므로 책의 무게에 더 가깝게 어림한 사람은 [혜지] 입니다.

예제 현성

❶ 1200 g과 어림한 무게의 차가 더 적은 사람이 더 가깝게 어림한 것입니다.
   • 현성: 1200 g−950 g=250 g
   • 은비: 1500 g−1200 g=300 g
❷ 250 g<300 g이므로 상자의 무게에 더 가깝게 어림한 사람은 현성입니다.

01-1 태균

❶ 가방의 실제 무게: 3 kg 500 g
❷ 3 kg 500 g과 어림한 무게의 차가 더 적은 사람이 더 가깝게 어림한 것입니다.
   • 주연: 4 kg−3 kg 500 g=500 g
   • 태균: 3 kg 500 g−3 kg 100 g=400 g
❸ 500 g>400 g이므로 가방의 무게에 더 가깝게 어림한 사람은 태균입니다.

01-2 승준

❶ 승준: 8900 g=8 kg 900 g, 예서: 10200 g=10 kg 200 g
❷ 9 kg 200 g과 어림한 무게의 차가 가장 적은 사람이 가장 가깝게 어림한 것입니다.
   • 윤하: 9 kg 700 g−9 kg 200 g=500 g
   • 승준: 9 kg 200 g−8 kg 900 g=300 g
   • 예서: 10 kg 200 g−9 kg 200 g=1 kg
❸ 300 g<500 g<1 kg이므로 호박의 무게에 가장 가깝게 어림한 사람은 승준입니다.

01-3 은수

❶ 국어사전이 든 상자의 실제 무게: $450\,g+1\,kg\,700\,g=2\,kg\,150\,g$,
해성: $2450\,g=2\,kg\,450\,g$

❷ $2\,kg\,150\,g$과 어림한 무게의 차가 가장 적은 사람이 가장 가깝게 어림한 것입니다.
 • 은수: $2\,kg\,150\,g-2\,kg=150\,g$
 • 수빈: $2\,kg\,150\,g-1\,kg\,900\,g=250\,g$
 • 해성: $2\,kg\,450\,g-2\,kg\,150\,g=300\,g$

❸ $150\,g<250\,g<300\,g$이므로 국어사전이 든 상자의 무게에 가장 가깝게 어림한 사람
은 은수입니다.

대표 유형 02 5, 600

❶ mL 단위의 계산: $700+\unicode{0x141}=300$이 되는 $\unicode{0x141}$은 없으므로 $700+\unicode{0x141}=1300$입니다.
$$\rightarrow \unicode{0x141}=1300-\boxed{700}=\boxed{600}$$

❷ L 단위의 계산: $1+\unicode{0x13F}+1=\boxed{7}$에서 $2+\unicode{0x13F}=\boxed{7}$
$$\rightarrow \unicode{0x13F}=\boxed{7}-2=\boxed{5}$$

예제 900, 6

❶ mL 단위의 계산: $\unicode{0x13F}+500=400$이 되는 $\unicode{0x13F}$은 없으므로 $\unicode{0x13F}+500=1400$입니다.
$$\Rightarrow \unicode{0x13F}=1400-500=900$$

❷ L 단위의 계산: $1+8+\unicode{0x141}=15$에서 $9+\unicode{0x141}=15$
$$\Rightarrow \unicode{0x141}=15-9=6$$

02-1 15, 150

❶ mL 단위의 계산: $750-\unicode{0x141}=600 \Rightarrow \unicode{0x141}=750-600=150$

❷ L 단위의 계산: $\unicode{0x13F}-6=9 \Rightarrow \unicode{0x13F}=9+6=15$

02-2 50, 4

$$\begin{array}{r} 22\,L \quad \unicode{0x13F}\,mL \\ -\ \unicode{0x141}\,L \quad 750\,mL \\ \hline 17\,L \quad 300\,mL \end{array}$$

❶ 가로셈을 세로셈으로 바꾸면 왼쪽과 같습니다.

❷ mL 단위의 계산: $\unicode{0x13F}-750=300$이 되는 $\unicode{0x13F}$은 없으므로
$1000+\unicode{0x13F}-750=300$에서
$250+\unicode{0x13F}=300$입니다.
$$\Rightarrow \unicode{0x13F}=300-250=50$$

❸ L 단위의 계산: $22-1-\unicode{0x141}=17$에서 $21-\unicode{0x141}=17$입니다.
$$\Rightarrow \unicode{0x141}=21-17=4$$

02-3 600, 7, 10, 200

❶ mL 단위의 계산: 덧셈식에서 $\unicode{0x13F}+300=900 \Rightarrow \unicode{0x13F}=900-300=600$
뺄셈식에서 $\unicode{0x13F}-400=\unicode{0x122} \Rightarrow \unicode{0x122}=600-400=200$

❷ L 단위의 계산: 덧셈식에서 $3+\unicode{0x141}=\unicode{0x110}$이고 뺄셈식에서 $17-\unicode{0x141}=\unicode{0x110}$입니다.
두 식에서 알맞은 수를 찾으면 $\unicode{0x141}=7$, $\unicode{0x110}=10$인 경우입니다.

대표 유형 03

1 kg 100 g

❶ 장난감이 담긴 상자의 무게: 2 kg 800 g

장난감의 무게: $\boxed{1}$ kg $\boxed{700}$ g

❷ (빈 상자의 무게)=(장난감이 담긴 상자의 무게)−(장난감의 무게)

$$=2\,\text{kg}\,800\,\text{g}-\boxed{1}\,\text{kg}\,\boxed{700}\,\text{g}$$

$$=\boxed{1}\,\text{kg}\,\boxed{100}\,\text{g}$$

예제 2 kg 900 g

❶ 책이 담긴 상자의 무게: 4 kg 200 g, 상자의 무게: 1 kg 300 g

❷ (책의 무게)=4 kg 200 g−1 kg 300 g=2 kg 900 g

03-1 900 g

❶ 배 2개가 담긴 상자의 무게: 2 kg 300 g, 배 1개의 무게: 700 g

❷ (빈 상자의 무게)=(배 2개가 담긴 상자의 무게)−(배 1개의 무게)−(배 1개의 무게)

$$=2\,\text{kg}\,300\,\text{g}-700\,\text{g}-700\,\text{g}=900\,\text{g}$$

03-2 250 g

❶ 복숭아 3개가 담긴 바구니의 무게: 1300 g, 복숭아 2개의 무게: 700 g

❷ (복숭아 1개의 무게)=700 g÷2=350 g

❸ (빈 바구니의 무게)

$$=(복숭아\ 3개가\ 담긴\ 바구니의\ 무게)-(복숭아\ 2개의\ 무게)-(복숭아\ 1개의\ 무게)$$

$$=1300\,\text{g}-700\,\text{g}-350\,\text{g}=250\,\text{g}$$

03-3 2 kg 100 g

❶ 멜론 2통이 담긴 상자의 무게: 16 kg 300 g,

멜론 1통이 담긴 상자의 무게: 9 kg 200 g

❷ (멜론 1통의 무게)=(멜론 2통이 담긴 상자의 무게)−(멜론 1통이 담긴 상자의 무게)

$$=16\,\text{kg}\,300\,\text{g}-9\,\text{kg}\,200\,\text{g}=7\,\text{kg}\,100\,\text{g}$$

❸ (빈 상자의 무게)=(멜론 1통이 담긴 상자의 무게)−(멜론 1통의 무게)

$$=9\,\text{kg}\,200\,\text{g}-7\,\text{kg}\,100\,\text{g}=2\,\text{kg}\,100\,\text{g}$$

대표 유형 04

6 L 400 mL

❶ (민재가 부은 후 물의 양)=(처음 물의 양)+(민재가 부은 물의 양)

$$=3\,\text{L}\,500\,\text{mL}+\boxed{2}\,\text{L}\,\boxed{100}\,\text{mL}$$

$$=\boxed{5}\,\text{L}\,\boxed{600}\,\text{mL}$$

❷ (양동이에 들어 있는 물의 양)=(민재가 부은 후 물의 양)+(지현이가 부은 물의 양)

$$=\boxed{5}\,\text{L}\,\boxed{600}\,\text{mL}+\boxed{800}\,\text{mL}$$

$$=\boxed{6}\,\text{L}\,\boxed{400}\,\text{mL}$$

예제 1 L 250 mL

❶ (수빈이가 마신 후 물의 양)=2 L−400 mL=1 L 600 mL

❷ (물병에 남아 있는 물의 양)=1 L 600 mL−350 mL=1 L 250 mL

04-1 2 L 800 mL

❶ (더 담은 후 오렌지 주스의 양)=2 L+1 L 300 mL=3 L 300 mL

❷ (병에 남아 있는 오렌지 주스의 양)=3 L 300 mL−500 mL=2 L 800 mL

04-2 6 L 400 mL

❶ (물을 빼낸 후 물의 양)=5 L 700 mL−800 mL=4 L 900 mL

❷ (어항에 들어 있는 물의 양)=4 L 900 mL+1 L 500 mL=6 L 400 mL

04-3 1 L 940 mL

❶ 비커에 담긴 물의 양: 700 mL

❷ (물을 부은 후 주전자에 든 물의 양)=1 L 900 mL+700 mL=2 L 600 mL

❸ (주전자에 남아 있는 물의 양)=2 L 600 mL−330 mL−330 mL

   　　　　　　　　　　　　　　　　　　=1 L 940 mL

대표 유형 05 7200 kg

❶ (트럭에 실은 무게)=(상자의 무게)×(상자 수)

   　　　　　　　　　=300 kg× 6 = 1800 kg

❷ (트럭에 더 실을 수 있는 무게)=(트럭에 실을 수 있는 무게)−(트럭에 실은 무게)

   　　　　　　　　　　　　　　　=9 t− 1800 kg

   　　　　　　　　　　　　　　　=9000 kg− 1800 kg= 7200 kg

예제 5650 kg

❶ (트럭에 실은 무게)=150 kg×9=1350 kg

❷ (트럭에 더 실을 수 있는 무게)=7 t−1350 kg=7000 kg−1350 kg=5650 kg

05-1 1650 kg

❶ (트럭에 실은 무게)=480 kg+170 kg+700 kg=1350 kg

❷ (트럭에 더 실을 수 있는 무게)=3 t−1350 kg=3000 kg−1350 kg=1650 kg

05-2 400 kg

❶ 300 kg×4=1200 kg, 550 kg×8=4400 kg이므로

   (트럭에 실은 무게)=1200 kg+4400 kg=5600 kg

❷ (트럭에 더 실을 수 있는 무게)=6 t−5600 kg=6000 kg−5600 kg=400 kg

05-3 10개

❶ 280 kg×5=1400 kg, 400 kg×4=1600 kg이므로

   (트럭에 실은 무게)=1400 kg+1600 kg=3000 kg

❷ (트럭에 더 실을 수 있는 무게)=5 t−3000 kg=5000 kg−3000 kg=2000 kg

❸ 200 kg×10=2000 kg이므로 트럭에 더 실을 수 있는 200 kg짜리 상자는 10개입니다.

05-4 2620 kg

❶ 170 kg×10=1700 kg, 210 kg×8=1680 kg이므로

   (트럭 3대에 실은 무게)=1700 kg+1680 kg=3380 kg

❷ (트럭 3대에 실을 수 있는 무게)=2 t×3=6 t

❸ (트럭 3대에 더 실을 수 있는 무게의 합)=6 t−3380 kg

   　　　　　　　　　　　　　　　　　　　　=6000 kg−3380 kg=2620 kg

대표 유형 06 480 g

❶ (귤 8개의 무게)=(사과 [2]개의 무게)=(키위 [3]개의 무게)

❷ (귤 8개의 무게)=(키위 1개의 무게)×[3]=160 g×[3]=[480] g

예제 450 g

❶ (양파 4개의 무게)=(당근 2개의 무게)=(오이 3개의 무게)

❷ (양파 4개의 무게)=(오이 1개의 무게)×3
　　　　　　　　　=150 g×3=450 g

06-1 400 g

❶ (가위 3개의 무게)=(필통 2개의 무게)=(풀 4개의 무게)

❷ (가위 3개의 무게)=(풀 1개의 무게)×4
　　　　　　　　　=300 g×4=1200 g

❸ 400 g×3=1200 g이므로 가위 1개의 무게는 400 g입니다.

06-2 540 g

❶ (파란색 공 7개의 무게)=(노란색 공 6개의 무게)=(빨간색 공 9개의 무게)

❷ (파란색 공 7개의 무게)=(빨간색 공 1개의 무게)×9
　　　　　　　　　　　=420 g×9=3780 g

❸ 540 g×7=3780 g이므로 파란색 공 1개의 무게는 540 g입니다.

06-3 135 g

❶ (야구공 2개의 무게)=(골프공 6개의 무게)=(테니스공 5개의 무게)

❷ (야구공 2개의 무게)=(테니스공 1개의 무게)×5
　　　　　　　　　　=54 g×5=270 g

❸ 135 g×2=270 g이므로 야구공 1개의 무게는 135 g입니다.

대표 유형 07 30초

❶ (채워야 하는 물의 양)=(양동이의 들이)-(양동이에 들어 있는 물의 양)
　　　　　　　　　　　=7 L-[1] L=[6] L

❷ 1 L=1000 mL=200 mL+200 mL+200 mL+200 mL+200 mL이므로
　　　　　　　　　　└──────── 5번 ────────┘
　1 L를 채우는 데 걸리는 시간은 [5]초입니다.

　　　　　　　　　　　　　　　┌→ 1 L를 채우는 데 걸리는 시간
❸ 6 L는 1 L의 6배이므로 6 L의 물을 받는 데 [5]×6=[30](초)가 걸립니다.

예제 12초

❶ (채워야 하는 물의 양)=5 L-2 L=3 L

❷ 1 L=1000 mL=250 mL+250 mL+250 mL+250 mL이므로
　　　　　　　　　　└───── 4번 ─────┘
　1 L를 채우는 데 걸리는 시간은 4초입니다.

❸ 3 L는 1 L의 3배이므로 3 L의 물을 받는 데 4×3=12(초)가 걸립니다.

07-1 18초

❶ (1초 동안 (가)와 (나) 수도를 동시에 틀어 채울 수 있는 물의 양)
 $=350 \text{ mL}+150 \text{ mL}=500 \text{ mL}$

❷ $1 \text{ L}=1000 \text{ mL}=\underbrace{500 \text{ mL}+500 \text{ mL}}_{\text{2번}}$이므로

 1 L를 채우는 데 걸리는 시간은 2초입니다.

❸ 9 L는 1 L의 9배이므로 9 L의 물을 받는 데 $2\times9=18$(초)가 걸립니다.

07-2 44초

❶ (1초 동안 채울 수 있는 물의 양)$=420 \text{ mL}-170 \text{ mL}=250 \text{ mL}$

❷ $1 \text{ L}=1000 \text{ mL}=\underbrace{250 \text{ mL}+250 \text{ mL}+250 \text{ mL}+250 \text{ mL}}_{\text{4번}}$이므로

 1 L를 채우는 데 걸리는 시간은 4초입니다.

❸ 11 L는 1 L의 11배이므로 11 L의 물을 받는 데 $4\times11=44$(초)가 걸립니다.

07-3 25초

❶ $750 \text{ mL}\times3=2250 \text{ mL}=2 \text{ L } 250 \text{ mL}$이므로
 (1초 동안 수도에서 나오는 물의 양)$=750 \text{ mL}$

❷ (1초 동안 채울 수 있는 물의 양)$=750 \text{ mL}-350 \text{ mL}=400 \text{ mL}$

❸ $2 \text{ L}=2000 \text{ mL}=\underbrace{400 \text{ mL}+400 \text{ mL}+400 \text{ mL}+400 \text{ mL}+400 \text{ mL}}_{\text{5번}}$이므로

 2 L를 채우는 데 걸리는 시간은 5초입니다.

❹ 10 L는 2 L의 5배이므로 10 L의 물을 받는 데 $5\times5=25$(초)가 걸립니다.

대표 유형 08 300 mL

❶ (두 물통에 들어 있는 물의 양의 차)$=($(나) 물통의 물의 양$)-($(가) 물통의 물의 양$)$
 $=1 \text{ L } 500 \text{ mL}-\boxed{900} \text{ mL}=\boxed{600} \text{ mL}$

❷ (옮겨야 하는 물의 양)$=\boxed{600} \text{ mL}\div2=\boxed{300} \text{ mL}$

예제 750 mL

❶ (두 물통에 들어 있는 물의 양의 차)$=2 \text{ L } 700 \text{ mL}-1 \text{ L } 200 \text{ mL}$
 $=1 \text{ L } 500 \text{ mL}=1500 \text{ mL}$

❷ $1500 \text{ mL}=750 \text{ mL}+750 \text{ mL}$이므로
 (옮겨야 하는 물의 양)$=750 \text{ mL}$입니다.

08-1 900 mL

❶ (가): 2 L 400 mL, (나): 4 L 200 mL

❷ (두 수조에 들어 있는 물의 양의 차)$=4 \text{ L } 200 \text{ mL}-2 \text{ L } 400 \text{ mL}$
 $=1 \text{ L } 800 \text{ mL}=1800 \text{ mL}$

❸ $1800 \text{ mL}=900 \text{ mL}+900 \text{ mL}$이므로
 (옮겨야 하는 물의 양)$=900 \text{ mL}$입니다.

08-2 200 mL

❶ (혜빈이가 사용하고 남은 물의 양)$=6 \text{ L } 500 \text{ mL}-900 \text{ mL}=5 \text{ L } 600 \text{ mL}$

❷ (두 사람이 가지고 있는 물의 양의 차)$=5 \text{ L } 600 \text{ mL}-5 \text{ L } 200 \text{ mL}=400 \text{ mL}$

❸ (요한이에게 주어야 하는 물의 양)$=400 \text{ mL}\div2=200 \text{ mL}$

08-3 1 L 100 mL

❶ (두 수조에 들어 있는 물의 양의 차)=11 L 300 mL−7 L 100 mL
      =4 L 200 mL

❷ (가) 수조에 물이 2 L만큼 더 많아야 하므로
  (똑같이 나눠야 하는 물의 양)=4 L 200 mL−2 L=2 L 200 mL
      =2200 mL

❸ 2200 mL=1100 mL+1100 mL이므로
  (옮겨야 하는 물의 양)=1100 mL=1 L 100 mL입니다.

대표 유형 09
4 kg 200 g

❶   (수박 1통의 무게)+(멜론 3통의 무게)= 8 kg 700 kg
  −) (수박 1통의 무게)+(멜론 2통의 무게)= 7 kg 200 kg
              (멜론 1통의 무게)= 1 kg 500 kg

❷ (멜론 2통의 무게)=1 kg 500 g+ 1 kg 500 g= 3 kg

❸ (수박 1통의 무게)=(수박 1통과 멜론 2통의 무게의 합)−(멜론 2통의 무게)
      =7 kg 200 g− 3 kg= 4 kg 200 g

예제 5 kg 500 g

❶   (호박 1개의 무게)+(무 4개의 무게)=13 kg 500 g
  −) (호박 1개의 무게)+(무 3개의 무게)=11 kg 500 g
              (무 1개의 무게)= 2 kg

❷ (무 3개의 무게)=2 kg+2 kg+2 kg=6 kg

❸ (호박 1개의 무게)=11 kg 500 g−6 kg=5 kg 500 g

09-1 120 g

❶   (빨간색 공 2개의 무게)+(초록색 공 6개의 무게)=1 kg 740 g
  −) (빨간색 공 2개의 무게)+(초록색 공 4개의 무게)=1 kg 240 g
              (초록색 공 2개의 무게)=   500 g

❷ (초록색 공 4개의 무게)=(초록색 공 2개의 무게)+(초록색 공 2개의 무게)
      =500 g+500 g=1000 g=1 kg

❸ (빨간색 공 2개의 무게)=1 kg 240 g−1 kg=240 g
  ⇨ (빨간색 공 1개의 무게)=240 g÷2=120 g

09-2 4 kg 200 g

❶   ((가) 상자 6개의 무게)+((나) 상자 4개의 무게)=19 kg 200 g
  −) ((가) 상자 3개의 무게)+((나) 상자 1개의 무게)= 6 kg 600 g
      ((가) 상자 3개의 무게)+((나) 상자 3개의 무게)=12 kg 600 g

❷ 12 kg 600 g=4 kg 200 g+4 kg 200 g+4 kg 200 g이므로
  ((가) 상자 1개와 (나) 상자 1개의 무게의 합)=4 kg 200 g

09-3 3 kg 100 g

❶   (옥수수 1개의 무게)+(고구마 3개의 무게)=1 kg 700 g

−) (옥수수 1개의 무게)+(고구마 1개의 무게)=   900 g

               (고구마 2개의 무게)=   800 g

❷ (고구마 1개의 무게)=800 g÷2=400 g

❸ (옥수수 1개의 무게)=900 g−400 g=500 g

❹ (옥수수 3개의 무게)=500 g×3=1500 g,

   (고구마 4개의 무게)=400 g×4=1600 g

   ⇨ (옥수수 3개와 고구마 4개의 무게의 합)=1500 g+1600 g

                                 =3100 g=3 kg 100 g

실전 적용 142~145쪽

01 2 kg 400 g

(강아지의 무게)=35 kg 200 g−32 kg 800 g

              =2 kg 400 g

02 수정

❶ 호영: 2 kg 900 g=2900 g

❷ 2400 g과 어림한 무게의 차가 더 적은 사람이 더 가깝게 어림한 것입니다.

   • 수정: 2400 g−2100 g=300 g

   • 호영: 2900 g−2400 g=500 g

❸ 300 g<500 g이므로 국어사전의 무게에 더 가깝게 어림한 사람은 수정입니다.

03 2340 kg

❶ (트럭에 실은 무게)=165 kg×4=660 kg

❷ (트럭에 더 실을 수 있는 무게)=3 t−660 kg

                         =3000 kg−660 kg=2340 kg

04 8, 780

❶ mL 단위의 계산: 500−ⓒ=720이 되는 ⓒ은 없으므로

                1000+500−ⓒ=720에서 1500−ⓒ=720입니다.

                 ⇨ ⓒ=1500−720=780

❷ L 단위의 계산: ㉠−1−1=6에서 ㉠−2=6입니다.

                  ⇨ ㉠=6+2=8

05 420 g

❶ 사과 4개가 담긴 바구니의 무게: 1700 g,

   사과 1개의 무게: 320 g

❷ (사과 4개의 무게)=320 g×4=1280 g

❸ (빈 바구니의 무게)=(사과 4개가 담긴 바구니의 무게)−(사과 4개의 무게)

                    =1700 g−1280 g=420 g

06 500 mL

❶ (혜정이가 마신 후 물의 양)=1 L 500 mL−400 mL
　　　　　　　　　　　　=1 L 100 mL
❷ (동생이 마신 물의 양)=1 L 100 mL−600 mL=500 mL

07 480 g

❶ (배 2개의 무게)=(바나나 4개의 무게)
　➡ (배 1개의 무게)=(바나나 2개의 무게)
❷ (배 1개의 무게)=(바나나 2개의 무게)=(복숭아 3개의 무게)
❸ (배 1개의 무게)=(복숭아 1개의 무게)×3
　　　　　　　　=160 g×3=480 g

08 250 mL

❶ (우석이가 마시고 남은 포도 주스의 양)
　=5100 mL−400 mL=4700 mL
❷ (두 사람이 가지고 있는 포도 주스의 양의 차)
　=4700 mL−4 L 200 mL
　=4 L 700 mL−4 L 200 mL=500 mL
❸ (은빈이에게 주어야 하는 포도 주스의 양)=500 mL÷2=250 mL

09 12초

❶ (1초 동안 새는 물의 양)=240 mL÷2=120 mL
❷ (1초 동안 채울 수 있는 물의 양)
　=220 mL+150 mL−120 mL=250 mL
❸ 1 L=1000 mL=250 mL+250 mL+250 mL+250 mL이므로
　　　　　　　　　└──────4번──────┘
　1 L를 채우는 데 걸리는 시간은 4초입니다.
❹ 3 L는 1 L의 3배이므로 3 L의 물을 받는 데 4×3=12(초)가 걸립니다.

10 2 kg 840 g

❶ 　　　(고구마 3개의 무게)+(감자 9개의 무게)=4 kg 560 g
　−) (고구마 3개의 무게)+(감자 5개의 무게)=3 kg 120 g
　　　　　　　　　　　　　　(감자 4개의 무게)=1 kg 440 g
❷ 1 kg 440 g=1440 g=360 g×4이므로
　(감자 1개의 무게)=360 g
❸ (감자 5개의 무게)=360 g×5=1800 g=1 kg 800 g이므로
　(고구마 3개의 무게)=3 kg 120 g−1 kg 800 g=1 kg 320 g
　➡ 1 kg 320 g=1320 g=440 g×3이므로
　　(고구마 1개의 무게)=440 g
❹ (고구마 4개의 무게)=440 g×4=1760 g,
　(감자 3개의 무게)=360 g×3=1080 g
　➡ (고구마 4개와 감자 3개의 무게의 합)=1760 g+1080 g
　　　　　　　　　　　　　　　　　　=2840 g=2 kg 840 g

활용 개념

그림그래프 알아보기

01 10명, 1명   **02** 12명
03 가을
04 100상자, 10상자   **05** 가 과수원
06 다 과수원   **07** 나 과수원

01 그림 😊은 10명, 그림 😊은 1명을 나타냅니다.

02 😊 1개, 😊 2개이므로 12명입니다.

03 😊 3개인 계절은 가을입니다.

04 그림 🍎는 100상자, 그림 🍎는 10상자를 나타냅니다.

05 사과 수확량이 가장 많은 과수원은 큰 그림의 수가 가장 많은 가 과수원입니다.

06 사과 수확량이 가장 적은 과수원은 큰 그림이 없는 다 과수원입니다.

07 라 과수원의 수확량은 130상자이므로 2배인 과수원은 수확량이 130×2=260(상자)인 과수원입니다.
⇨ 수확량이 260상자인 과수원은 나 과수원입니다.

그림그래프로 나타내기

01

운동	학생 수
농구	◎◎◎◎
축구	◎◎◎◎
야구	◎
배구	◎◎◎

◎5명
○1명

02 6명   **03** 5명, 1명

04

색깔	학생 수
빨간색	😊😊😊😊
노란색	😊😊😊😊😊
초록색	😊😊
파란색	😊😊

😊 [5]명 😊 [1]명

02 (초록색을 좋아하는 학생 수)=22-4-9-3=6(명)

03 빨간색에서 😊 4개가 4명이므로
그림 😊은 4÷4=1(명)을 나타내고,
노란색에서 😊 1개와 😊 4개가 9명이므로
그림 😊은 9-4=5(명)을 나타냅니다.

유형 변형

대표 유형 01 풀이 참조

가고 싶은 장소별 학생 수

장소	학생 수(명)
과학관	4
미술관	6
놀이공원	10
합계	20

가고 싶은 장소별 학생 수

장소	학생 수
과학관	○○○○
미술관	◎○
놀이공원	◎◎

◎5명
○1명

❶ 장소별로 수를 세어 봅니다.
과학관: 4명, 미술관: [6]명, 놀이공원: 10명
➡ 합계: 4+[6]+10=[20](명)

❷ 조사한 자료를 표로 나타냅니다.

❸ ◎은 [5]명, ○은 [1]명으로 하여 표를 그림그래프로 나타냅니다.

❶ 야구공: 7개, 축구공: 5개, 농구공: 4개
  ⇨ 합계: 7＋5＋4＝16(개)
❷ 조사한 자료를 표로 나타냅니다.

종류별 공 수

종류	공 수(개)
야구공	7
축구공	5
농구공	4
합계	16

❸ ◎은 5개, ○은 1개로 하여 표를 그림그래프로 나타냅니다.

종류별 공 수

종류	공 수
야구공	◎○○
축구공	◎
농구공	○○○○

◎ 5개
○ 1개

❶ 식빵: 8개, 크림빵: 6개, 초코빵: 10개
❷ 조사한 자료를 표로 나타냅니다.

좋아하는 빵별 학생 수

빵	학생 수(명)
식빵	8
크림빵	6
초코빵	10

❸ ◎은 10명, △은 5명, ○은 1명으로 하여 표를 그림그래프로 나타냅니다.

좋아하는 빵별 학생 수

빵	학생 수
식빵	△○○○
크림빵	△○
초코빵	◎

◎ 10명
△ 5명
○ 1명

❶ 그림그래프에서 그림 😊은 ⎡10⎤명, 그림 😐은 ⎡1⎤명을 나타냅니다.

❷ A형: 😊 1개, 😐 1개 ➔ ⎡11⎤명, O형: 😐 3개 ➔ 3명

❸ (A형인 학생과 O형인 학생 수의 합)＝⎡11⎤＋3＝⎡14⎤(명)

예제	16명

❶ 그림그래프에서 그림 😊은 10명, 그림 😊은 1명을 나타냅니다.

❷ B형: 😊 6개 ⇨ 6명, AB형: 😊 1개 ⇨ 10명

❸ (B형인 학생과 AB형인 학생 수의 합)＝6＋10＝16(명)

02-1	14권

❶ 그림그래프에서 그림 📕은 10권, 그림 📕은 1권을 나타냅니다.

❷ 소설책: 📕 3개 ⇨ 30권, 역사책: 📕 1개, 📕 6개 ⇨ 16권

❸ (소설책과 역사책의 수의 차)＝30－16＝14(권)

02-2	27대

❶ 그림그래프에서 그림 🚗는 10대, 그림 🚗는 1대를 나타냅니다.

❷ 가장 많은 자동차가 있는 동: 101동(41대), 가장 적은 자동차가 있는 동: 103동(14대)

❸ (101동과 103동에 있는 자동차 수의 차)＝41－14＝27(대)

02-3	34명

❶ 그림그래프에서 그림 😊은 10명, 그림 😊은 1명을 나타냅니다.

❷ 1반: 10명, 2반: 8명, 3반: 11명, 4반: 5명

❸ (3학년 학생 중 안경을 쓴 학생 수의 합)＝10＋8＋11＋5＝34(명)

대표 유형 **03**	410상자

❶ 그림그래프에서 그림 🍅은 100 상자, 그림 🍅은 10 상자를 나타냅니다.

❷ 가 과수원: 230 상자, 다 과수원: 300상자

❸ (나 과수원의 감 수확량)＝940－ 230 －300＝ 410 (상자)

예제	12명

❶ 그림그래프에서 그림 😊은 5명, 그림 😊은 1명을 나타냅니다.

❷ 피아노: 8명, 플루트: 4명

❸ (기타를 배우고 싶은 학생 수)＝24－8－4＝12(명)

03-1	210줄

❶ 그림그래프에서 그림 🥢은 100줄, 그림 🥢은 10줄을 나타냅니다.

❷ 치즈김밥: 160줄, 소고기김밥: 120줄, 돈가스김밥: 320줄

❸ (판매한 참치김밥 수)＝810－160－120－320＝210(줄)

03-2	41명

❶ 그림그래프에서 그림 😊은 10명, 그림 😊은 1명을 나타냅니다.

❷ 야구: 21명, 배구: 13명 ⇨ 농구: 13＋2＝15(명)

❸ (축구를 좋아하는 학생 수)＝90－21－13－15＝41(명)

03-3	7명

❶ 그림그래프에서 그림 😊은 5명, 그림 😊은 1명을 나타냅니다.

❷ 박물관: 3명 ⇨ 놀이공원: 3×3＝9(명), 미술관: 6명

❸ (스키장에 가고 싶은 학생 수)＝25－9－3－6＝7(명)

가게별 빵 판매량

가게	가	나	다	합계
판매량(개)	150	310	240	700

가게별 빵 판매량

가게	판매량
가	◎○○○○○
나	◎◎◎○
다	◎◎○○○○

◎ 100개
○ 10개

❶ 그림그래프에서 그림 ◎은 [100]개, 그림 ○은 [10]개를 나타내므로

(가 가게의 빵 판매량)＝[150]개입니다.

❷ (다 가게의 빵 판매량)＝700－[150]－310＝[240](개)

❸ 위 표와 그림그래프를 완성합니다.

❶ 그림그래프에서 그림 ◎은 10명, 그림 ○은 1명을 나타내므로

(2반의 학생 수)＝24명입니다.

❷ (합계)＝21＋24＋23＝68(명)

❸ 표와 그림그래프를 완성합니다.

반별 학생 수

반	학생 수(명)
1반	21
2반	24
3반	23
합계	68

반별 학생 수

반	학생 수
1반	◎◎○
2반	◎◎◎○○○○
3반	◎◎○○○

◎ 10명   ○ 1명

❶ 그림그래프에서 그림 ◎은 10송이를 나타내므로 (튤립의 판매량)＝60송이입니다.

❷ (해바라기의 판매량)＝165－51－60－33＝21(송이)

❸ 표와 그림그래프를 완성합니다.

종류별 꽃 판매량

종류	판매량(송이)
장미	51
튤립	60
국화	33
해바라기	21
합계	165

종류별 꽃 판매량

종류	판매량
장미	◎◎◎◎◎○
튤립	◎◎◎◎◎◎
국화	◎◎◎○○○
해바라기	◎◎○

◎ 10송이   ○ 1송이

❶ 그림그래프에서 그림 ○은 10개를 나타내므로 (빨간색 모자의 판매량)＝70개입니다.

❷ (검은색 모자의 판매량)＝(흰색 모자의 판매량)＝320개

(파란색 모자의 판매량)＝830－70－320－320＝120(개)

❸ 표와 그림그래프를 완성합니다.

색깔별 모자 판매량

색깔	판매량(개)
빨간색	70
파란색	120
흰색	320
검은색	320
합계	830

색깔별 모자 판매량

색깔	판매량
빨간색	○○○○○○○
파란색	◎○○
흰색	◎◎◎○○
검은색	◎◎◎○○

◎ 100개   ○ 10개

대표 유형 05 풀이 참조

배우고 싶은 외국어별 학생 수

외국어	학생 수
영어	◎○○○
프랑스어	◎○○○
중국어	○○○○

◎ 100명
○ 10명

❶ 그림그래프에서 그림 ○은 10 명을 나타내므로

(중국어를 배우고 싶은 학생 수)＝ 40 명입니다.

❷ 영어와 프랑스어를 배우고 싶은 학생 수를 각각 ■명이라 하면

■＋■＝(전체 학생 수)－(중국어를 배우고 싶은 학생 수)

＝300－ 40 ＝ 260

❸ ■＝ 260 ÷2＝ 130

➜ (영어를 배우고 싶은 학생 수)＝(프랑스어를 배우고 싶은 학생 수)＝ 130 명

❹ 위 그림그래프를 완성합니다.

예제 풀이 참조

❶ 그림그래프에서 그림 ○은 1명을 나타내므로 (축구를 좋아하는 학생 수)＝8명입니다.

❷ 양궁과 태권도를 좋아하는 학생 수를 각각 ■명이라 하면 ■＋■＝28－8＝20

❸ ■＝20÷2＝10 ⇨ (양궁을 좋아하는 학생 수)＝(태권도를 좋아하는 학생 수)＝10명

❹ 그림그래프를 완성합니다.

좋아하는 올림픽 경기 종목별 학생 수

종목	학생 수
양궁	◎◎
축구	○○○○○○○○
태권도	◎◎

◎ 5명   ○ 1명

05-1 14명

❶ 그림그래프에서 그림 😊은 10명, 그림 🙂은 1명을 나타내므로

(호박을 좋아하는 학생 수)=11명, (시금치를 좋아하는 학생 수)=5명입니다.

❷ 당근을 좋아하는 학생 수를 ■명이라 하면 오이를 좋아하는 학생 수는 (■+6)명이고

■+■+6=50-11-5=34, ■+■=28입니다.

❸ ■=28÷2=14

⇨ (당근을 좋아하는 학생 수)=14명

05-2 210상자

❶ 그림그래프에서 그림 🍑은 100상자, 그림 🍑은 10상자를 나타내므로

(나 과수원의 복숭아 수확량)=160상자, (라 과수원의 복숭아 수확량)=130상자입니다.

❷ 가 과수원의 복숭아 수확량을 ■상자라 하면

다 과수원의 복숭아 수확량은 (■×2)상자입니다.

❸ ■×2=■+■이므로 ■+160+■+■+130=920이므로

■+■+■+290=920, ■+■+■=630, ■=630÷3=210

⇨ (가 과수원의 복숭아 수확량)=210상자

대표 유형 06 39만 원

❶ 쌀 가격표에서 10 kg 기준 백미는 [3]만 원입니다.

❷ 그림그래프에서 일주일 동안 판매한 백미는 [130] kg입니다.

❸ 130 kg은 10 kg의 [13] 배이므로

(백미를 판매하여 얻은 금액)=3×[13]=[39](만 원)입니다.

예제 24만 원

❶ 쌀 가격표에서 10 kg 기준 흑미는 4만 원입니다.

❷ 그림그래프에서 일주일 동안 판매한 흑미는 60 kg입니다.

❸ 60 kg은 10 kg의 6배이므로

(흑미를 판매하여 얻은 금액)=4×6=24(만 원)입니다.

06-1 81만 원

❶ 선물 가게에서 축구공과 비행기 모형은 각각 3만 원입니다.

❷ 그림그래프에서 판매된 축구공은 15개, 비행기 모형은 12개입니다.

⇨ (판매된 축구공과 비행기 모형의 수의 합)=15+12=27(개)

❸ (축구공과 비행기 모형을 판매하여 얻은 금액의 합)=3×27=81(만 원)

06-2 (1) 21명
(2) 380만 원

(1) ❶ 입장료 안내판에서 어린이는 4만 원입니다.

❷ (2반 학생 수)=84÷4=21(명)

(2) ❶ 입장료 안내판에서 성인은 6만 원, 어린이는 4만 원입니다.

❷ (3학년 전체 학생 수)=23+21+20+25=89(명)

❸ (3학년 전체 학생의 입장료)=4×89=356(만 원),

(선생님 4명의 입장료)=6×4=24(만 원)

⇨ (3학년 전체 학생과 선생님 4명의 입장료의 합)=356+24=380(만 원)

01 풀이 참조

❶ 딸기: 10명, 복숭아: 6명, 귤: 4명
⇨ 합계: 10＋6＋4＝20(명)

❷ 조사한 자료를 표로 나타냅니다.

좋아하는 과일별 학생 수

과일	학생 수(명)
딸기	10
복숭아	6
귤	4
합계	20

❸ ◎은 5명, 그림 ○은 1명으로 하여 표를 그림그래프로 나타냅니다.

좋아하는 과일별 학생 수

과일	학생 수
딸기	◎◎
복숭아	◎○
귤	○○○○

◎5명　○1명

02 33명

❶ 그림그래프에서 그림 😊은 10명, 그림 😊은 1명을 나타냅니다.

❷ 1반: 6명, 2반: 13명, 3반: 14명

❸ (수학 경시대회에 참가한 3학년 전체 학생 수)＝6＋13＋14＝33(명)

03 7200원

❶ 입장료 안내판에서 어린이 한 명의 입장료는 800원입니다.

❷ 그림그래프에서 오전에 방문한 어린이는 9명입니다.

❸ (모든 어린이의 입장료)＝(어린이 한 명의 입장료)×(방문한 어린이 수)
＝800×9＝7200(원)

04 10점

❶ 그림그래프에서 그림 🏔은 10점, 그림 🏔은 1점을 나타냅니다.

❷ 1층: 33점 ⇨ 3층: 33÷3＝11(점), 4층: 6점

❸ (2층에 전시된 작품 수)＝60－33－11－6＝10(점)

05 141만 원

❶ (곰 인형을 판매하여 얻은 금액)＝3×31＝93(만 원)
(필통을 판매하여 얻은 금액)＝2×24＝48(만 원)

❷ (곰 인형과 필통을 판매하여 얻은 금액의 합)＝93＋48＝141(만 원)

06 15명

❶ (제기차기를 좋아하는 학생 수)=31명
❷ 팽이치기를 좋아하는 학생 수를 ■명이라 하면
연날리기를 좋아하는 학생 수는 (■+9)명이고
■+■+9=70−31=39, ■+■=30입니다.
❸ ■=30÷2=15
⇨ (팽이치기를 좋아하는 학생 수)=15명

07 풀이 참조

❶ 그림그래프에서 그림 ◎은 100개, 그림 △은 50개, 그림 ○은 10개를 나타내므로
(감자 맛 과자 판매량)=270개입니다.
❷ (바나나 맛 과자 판매량)=(옥수수 맛 과자 판매량)×2
=80×2=160(개)
⇨ (새우 맛 과자 판매량)=650−270−160−80=140(개)
❸ 표와 그림그래프를 완성합니다.

맛별 과자 판매량

맛	판매량(개)
감자 맛	270
바나나 맛	160
옥수수 맛	80
새우 맛	140
합계	650

맛별 과자 판매량

맛	판매량
감자 맛	◎◎△○○
바나나 맛	◎△○
옥수수 맛	△○○○
새우 맛	◎○○○○

◎100개 △50개 ○10개

08 풀이 참조

❶ 그림그래프에서 그림 ○은 10명을 나타내므로
(역사책을 좋아하는 학생 수)=80명입니다.
❷ (그림책을 좋아하는 학생 수)=80+60=140(명)
❸ 동화책과 소설책을 좋아하는 학생 수를 각각 ■명이라 하면
■+■=480−80−140=260,
■=260÷2=130입니다.
⇨ (동화책을 좋아하는 학생 수)=(소설책을 좋아하는 학생 수)=130명
❹ 그림그래프를 완성합니다.

좋아하는 책의 종류별 학생 수

종류	학생 수
동화책	◎○○○
역사책	○○○○○○○○
그림책	◎○○○○
소설책	◎○○○

◎ 100명
○ 10명

정답 및 풀이

① 곱셈

2~3쪽

유형 변형하기

1 648 cm	2 792 m
3 2개	4 200원
5 591 cm	6 7
7 2535	8 1310

1 ❶ 빨간색 선의 길이는 정사각형의 한 변이 12개 있는 것과 같습니다.

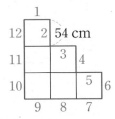

❷ (빨간색 선의 길이)=54×12=648 (cm)

2 ❶ (한 변 위에 세운 기둥 사이의 간격 수)
=23-1=22(군데)

❷ (땅의 한 변의 길이)=9×22=198 (m)

❸ (땅의 네 변의 길이의 합)=198×4=792 (m)

3 ❶ 602×8=4816, 55×90=4950

❷ 4816<79×□<4950에서 79를 80으로 어림하면 80×60=4800, 80×70=5600이므로 □ 안에 들어갈 수 있는 두 자리 수의 십의 자리 숫자를 6으로 예상할 수 있습니다.

❸ □ 안에 60부터 차례대로 넣어 보면
79×60=4740, 79×61=4819,
79×62=4898, 79×63=4977, …

❹ □ 안에 들어갈 수 있는 두 자리 수:
61, 62 ⇨ 2개

4 ❶ (주스 5개의 가격)=840×5=4200(원),
(초콜릿 4개의 가격)=650×4=2600(원)

❷ (규서가 내야 할 돈)=4200+2600=6800(원)

❸ (거스름돈)=7000-6800=200(원)

5 ❶ (길이가 27 cm인 색 테이프 13장의 길이의 합)
=27×13=351 (cm)
(길이가 32 cm인 색 테이프 12장의 길이의 합)
=32×12=384 (cm)
⇨ (색 테이프 25장의 길이의 합)
=351+384=735 (cm)

❷ (겹쳐진 부분의 수)=25-1=24(군데)이므로
(겹쳐진 부분의 길이의 합)=6×24=144 (cm)

❸ (이어 붙인 색 테이프의 전체 길이)
=735-144=591 (cm)

6 ❶ ▼×▼의 일의 자리 수가 9인 경우는
3×3=9, 7×7=49이므로 ▼=3 또는 7입니다.

❷ ▼=3일 때 33×33=1089 (×)
▼=7일 때 77×77=5929 (○)

❸ ▼에 알맞은 수는 7입니다.

7 ❶ 수아: 수의 크기를 비교하면 7>4>3>1이므로
두 수의 십의 자리에는 7과 4를 놓습니다.

$$\begin{array}{r} 7\ 3 \\ \times\ 4\ 1 \\ \hline 2\ 9\ 9\ 3 \end{array} , \quad \begin{array}{r} 7\ 1 \\ \times\ 4\ 3 \\ \hline 3\ 0\ 5\ 3 \end{array}$$

⇨ 가장 큰 곱은 3053입니다.

❷ 민성: 수의 크기를 비교하면 1<3<4<7이므로
두 수의 십의 자리에는 1과 3을 놓습니다.

$$\begin{array}{r} 1\ 7 \\ \times\ 3\ 4 \\ \hline 5\ 7\ 8 \end{array} , \quad \begin{array}{r} 1\ 4 \\ \times\ 3\ 7 \\ \hline 5\ 1\ 8 \end{array}$$

⇨ 가장 작은 곱은 518입니다.

❸ (두 곱의 차)=3053-518=2535

8 ❶ 122부터 140까지 2씩 커지는 수 10개를 더한 것입니다.

❷ 122+124+126+…+136+138+140
=(122+140)+(124+138)+(126+136)
+(128+134)+(130+132)
=262×5=1310
└→ 10÷2=5(개)

1 1458 cm		**2** 613개	
3 382 cm		**4** 576 m	
5 1668 cm		**6** 4, 9	
7 2개		**8** 1360	
9 1575		**10** 1, 6	

1 ❶ 육각형에는 길이가 같은 변이 6개 있습니다.
❷ (육각형의 여섯 변의 길이의 합)
$= 243 \times 6 = 1458$ (cm)

2 ❶ (줄넘기 수) $= 12 \times 30 = 360$(개)
(공 수) $= 11 \times 23 = 253$(개)
❷ (체육관에 있는 줄넘기와 공 수)
$= 360 + 253 = 613$(개)

3 ❶ (색 테이프 27장의 길이의 합)
$= 18 \times 27 = 486$ (cm)
❷ (겹쳐진 부분의 수) $= 27 - 1 = 26$(군데)이므로
(겹쳐진 부분의 길이의 합) $= 4 \times 26 = 104$ (cm)
❸ (이어 붙인 색 테이프의 전체 길이)
$= 486 - 104 = 382$ (cm)

4 ❶ (한 변 위에 세운 가로등 사이의 간격 수)
$= 13 - 1 = 12$(군데)
❷ (땅의 한 변의 길이) $= 16 \times 12 = 192$ (m)
❸ (땅의 세 변의 길이의 합) $= 192 \times 3 = 576$ (m)

5 ❶ 빨간색 선의 길이는 123 cm인 가로가 8개,
114 cm인 세로가 6개 있는 것과 같습니다.

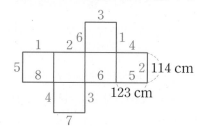

❷ (123 cm인 가로 길이의 합)
$= 123 \times 8 = 984$ (cm)
(114 cm인 세로 길이의 합)
$= 114 \times 6 = 684$ (cm)
❸ (빨간색 선의 길이) $= 984 + 684 = 1668$ (cm)

6 ❶ ■ × ●의 일의 자리 수가 6이 되는 경우를
(●, ■)로 나타내면
(1, 6), (2, 3), (2, 8), (4, 9), (7, 8)입니다.
❷ ❶의 수로 ●■ × ■●를 구하면
$16 \times 61 = 976$, $23 \times 32 = 736$,
$28 \times 82 = 2296$, $\underline{49 \times 94 = 4606}$,
$78 \times 87 = 6786$입니다.
❸ ● $= 4$, ■ $= 9$

7 ❶ ㉠에서 ◯ 안에 7부터 차례대로 넣어 보면
$281 \times 7 = 1967$, $281 \times 8 = 2248$, …
➡ ◯ $= 1, 2, 3, 4, 5, \underline{6, 7}$
❷ ㉡에서 ◯ 안에 5부터 차례대로 넣어 보면
$478 \times 5 = 2390$, $478 \times 6 = 2868$, …
➡ ◯ $= \underline{6, 7}, 8, 9$
❸ ◯ 안에 공통으로 들어갈 수 있는 수:
6, 7 ➡ 2개

8 ❶ 수의 크기를 비교하면 $0 < 2 < 6 < 8$이고,
0은 십의 자리에 올 수 없으므로 두 수의 십의 자리
에는 2와 6을 놓습니다.
❷
```
      2 8          6 8
    × 6 0        × 2 0
  ─────────      ─────────
  1 6 8 0 ,      1 3 6 0
```
❸ 곱이 가장 작은 곱셈식: $68 \times 20 = 1360$

9 ❶ 91부터 119까지 2씩 커지는 수 15개를 더한 것입니다.
❷ $91 + 93 + 95 + 97 + 99 + 101 + 103 + 105 +$
$107 + 109 + 111 + 113 + 115 + 117 + 119$
$= (105 - 14) + (105 - 12) + (105 - 10)$
$+ \cdots + (105 + 10) + (105 + 12) + (105 + 14)$
$= 105 \times 15$
$= 1575$

10 ❶ $7 \times 6 = 42$이므로 십의 자리에 올림한 수 4가 있습니다.
❷ ㉠ × 6의 일의 자리 수는 $10 - 4 = 6$입니다.
❸ $1 \times 6 = 6$이므로 ㉠ $= 1$일 때 $517 \times 6 = 3102$
$6 \times 6 = 36$이므로 ㉠ $= 6$일 때 $567 \times 6 = 3402$
➡ ㉠ $= 1, 6$

② 나눗셈

유형 변형하기

8~10쪽

1 5개

2 190 cm

3 1, 3, 5, 7, 9

4 3, 8

5 63

6 3장

7 66

8 75 cm

9 9, 48

---

1 ❶ $84 \div 6 = 14$, $104 \div 4 = 26$

❷ $14 < \square \times 2 < 26$에서 $14 \div 2 = 7$, $26 \div 2 = 13$이므로 $7 < \square < 13$입니다.

❸ $\square$ 안에 들어갈 수 있는 자연수:
8, 9, 10, 11, 12 ➡ 5개

2 ❶ (초록색 테이프 한 장의 길이)$=259 \div 7 = 37$ (cm)

❷ (초록색 테이프 한 장의 길이)
+(주황색 테이프 2장의 길이)$=417$ cm이므로
(주황색 테이프 2장의 길이)
$=417 - 37 = 380$ (cm)

❸ (주황색 테이프 한 장의 길이)
$=380 \div 2 = 190$ (cm)

3 ❶ 나누는 수가 4이므로 나올 수 있는 가장 큰 나머지는 3입니다.

❷ 나누어지는 수보다 3 작은 수인 $\square 5 - 3 = \square 2$가 4로 나누어떨어집니다.

❸ 일의 자리 숫자가 2인 수 중 4로 나누어떨어지는 수를 찾으면 $12 \div 4 = 3$, $32 \div 4 = 8$, $52 \div 4 = 13$, $72 \div 4 = 18$, $92 \div 4 = 23$에서
12, 32, 52, 72, 92입니다.

❹ $\square$ 안에 알맞은 수: 1, 3, 5, 7, 9

4

$$\begin{array}{r} ⓛⓒ \\ ㉠)\overline{9\ ▲} \\ \underline{㉣} \\ 4\ ⓜ \\ \underline{Ⓑⓢ} \\ 3 \end{array}$$

❶ $9 - ㉣ = 4$이므로 $㉣ = 5$이고, $㉠ \times ⓛ = 5$이므로 $㉠ = 5$, $ⓛ = 1$

❷ $5 \times ⓒ = Ⓑⓢ$, $4ⓜ - Ⓑⓢ = 3$에서
ⓒ=8일 때 $5 \times 8 = 40$,
$4③ - 40 = 3$에서 $▲ = 3$
ⓒ=9일 때 $5 \times 9 = 45$,
$4⑧ - 45 = 3$에서 $▲ = 8$

❸ $▲$에 들어갈 수 있는 수: 3, 8

5 ❶ 어떤 수를 $\square$라 하여 식을 세우면 $65 \div \square = 9 \cdots 2$에서 $65 - 2 = 63$은 $\square$로 나누어떨어집니다.

❷ $63 \div \square = 9$ ➡ $63 \div 9 = \square$, $\square = 7$

❸ 417을 7로 나누면 $417 \div 7 = 59 \cdots 4$

❹ ❸에서 구한 몫과 나머지의 합은 $59 + 4 = 63$입니다.

6 ❶ 소현이네 모둠 학생 수를 $\square$명이라 하면
$30 \div \square = 5$ ➡ $30 \div 5 = \square$, $\square = 6$

❷ $141 \div 6 = 23 \cdots 3$
색종이를 소현이네 모둠 학생 한 명에게 23장씩 주면 3장이 남습니다.

❸ (적어도 더 필요한 색종이 수)$= 6 - 3 = 3$(장)

7 ❶ 45보다 크고 75보다 작은 자연수를 6으로 나누면
$46 \div 6 = 7 \cdots 4$, $47 \div 6 = 7 \cdots 5$, $48 \div 6 = 8$, …
➡ 6으로 나누어떨어지는 가장 작은 수는 48입니다.

❷ 45보다 크고 75보다 작은 자연수 중 6으로 나누어떨어지는 수는 48, 54, 60, 66, 72입니다.

❸ $48 \div 7 = 6 \cdots 6$, $54 \div 7 = 7 \cdots 5$,
$60 \div 7 = 8 \cdots 4$, $66 \div 7 = 9 \cdots 3$,
$72 \div 7 = 10 \cdots 2$이므로
조건을 모두 만족하는 수는 66입니다.

8 ❶ (가장 큰 삼각형의 한 변의 길이)
$=375 \div 3 = 125$ (cm)

❷ 가장 작은 삼각형의 한 변은 가장 큰 삼각형의 한 변을 5로 나눈 것과 같습니다.
➡ $125 \div 5 = 25$ (cm)

❸ (가장 작은 삼각형 한 개의 세 변의 길이의 합)
$=25 + 25 + 25 = 25 \times 3 = 75$ (cm)

9 ❶ 큰 수를 ■, 작은 수를 ▲라 하면
$■ - ▲ = 39$, $■ \div ▲ = 5 \cdots 3$입니다.

❷ $■ - ▲ = 39$에서 $■ = ▲ + 39$이고,
$■ \div ▲ = 5 \cdots 3$에서 ■는 $▲ \times 5$에 3을 더한 수이므로
$■ - 3 = ▲ + 39 - 3 = ▲ + 36 = ▲ \times 5$입니다.

❸ $▲ \times 5 = ▲ + ▲ + ▲ + ▲ + ▲$이므로
$▲ + 36 = ▲ + ▲ + ▲ + ▲ + ▲$,
$36 = ▲ + ▲ + ▲ + ▲ = ▲ \times 4$,
$▲ = 9$

❹ $▲ = 9$이므로 $■ = 9 + 39 = 48$

1 7개	**2** 197
3 10일	**4** 19, 5
5 3개	
6 (위부터) 1, 4, 4, 8, 1, 6	
7 18, 2	**8** 236
9 54분	**10** 60 cm

1 ❶ $152 \div 8 = 19$, $135 \div 5 = 27$
❷ $19 < \square < 27$에서
$\square$ 안에 들어갈 수 있는 자연수는
20, 21, 22, 23, 24, 25, 26으로 모두 7개입니다.

2 ❶ 나누는 수가 6이므로 ▼가 될 수 있는 수는
1, 2, 3, 4, 5입니다.
❷ ▼=5일 때 ●가 가장 큽니다.
❸ $6 \times 32 = 192$, $192 + 5 = 197$
⇨ ●에 알맞은 수 중에서 가장 큰 수는 197입니다.

3 ❶ (수학 문제집의 전체 쪽수)=$12 \times 7 = 84$(쪽)
❷ $84 \div 9 = 9 \cdots 3$
수학 문제집을 하루에 9쪽씩 9일 동안 풀면 3쪽이
남습니다.
❸ 남은 3쪽도 풀어야 하므로 수학 문제집을 모두 푸는
데 $9 + 1 = 10$(일)이 걸립니다.

4 ❶ 어떤 수를 $\square$라 하여 잘못 계산한 식을 세우면
$\square \times 7 = 966$
❷ $966 \div 7 = \square$, $\square = 138$
❸ 바르게 계산하면 $138 \div 7 = 19 \cdots 5$

5 ❶ (전체 찐빵 수)=$77 + 46 = 123$(개)
❷ $123 \div 9 = 13 \cdots 6$
찐빵을 한 명이 13개씩 가지면 6개가 남습니다.
❸ (적어도 더 필요한 찐빵 수)=$9 - 6 = 3$(개)

6
```
        ㉡ 4
    ㉠ ) 5 8
        ㉢
      ─────
        1 ㉣
        ㉤ ㉥
      ─────
          2
```
❶ $5 - ㉢ = 1$이므로 ㉢=4
❷ ㉣은 58에서 8을 내려 쓴 것이므로
㉣=8
❸ $18 - ㉤㉥ = 2$에서
㉤㉥=$18 - 2 = 16$이므로
㉤=1, ㉥=6
❹ $㉠ \times 4 = 16$이므로 ㉠=4,
$4 \times ㉡ = 4$이므로 ㉡=1

7 ❶ 큰 수를 ■, 작은 수를 ▲라 하면 $■ \div ▲ = 8$에서
$■ = ▲ \times 8$입니다.
❷ $■ \times ▲ = ▲ \times 8 \times ▲ = 392$,
$▲ \times ▲ = 49$에서
$7 \times 7 = 49$이므로 ▲=7
❸ ▲=7이므로 $■ = 7 \times 8 = 56$
❹ $■ \div 3 = 56 \div 3 = 18 \cdots 2$

8 ❶ 230보다 크고 245보다 작은 자연수를 4로 나누면
$231 \div 4 = 57 \cdots 3$, $232 \div 4 = 58$, ...
⇨ 4로 나누어떨어지는 가장 작은 수는 232입니다.
❷ 230보다 크고 245보다 작은 자연수 중 4로 나누어
떨어지는 수는 232, 236, 240, 244입니다.
❸ $232 \div 6 = 38 \cdots 4$,
$236 \div 6 = 39 \cdots 2$,
$240 \div 6 = 40$,
$244 \div 6 = 40 \cdots 4$이므로
조건을 모두 만족하는 수는 236입니다.

9 ❶ (도막 수)=(전체 길이)÷(한 도막의 길이)
=$168 \div 6 = 28$(개)
❷ (자른 횟수)=(도막 수)-1
=$28 - 1 = 27$(번)
❸ (전체 걸린 시간)
=(한 번 자르는 데 걸린 시간)$\times$(자른 횟수)
=$2 \times 27 = 54$(분)

10 ❶ (가장 큰 삼각형의 한 변의 길이)
=$360 \div 3 = 120$ (cm)
❷ (둘째에서 가장 작은 삼각형의 한 변의 길이)
=$120 \div 2 = 60$ (cm)
(셋째에서 가장 작은 삼각형의 한 변의 길이)
=$120 \div 3 = 40$ (cm)
(넷째에서 가장 작은 삼각형의 한 변의 길이)
=$120 \div 4 = 30$ (cm)
(다섯째에서 가장 작은 삼각형의 한 변의 길이)
=$120 \div 5 = 24$ (cm)
(여섯째에서 가장 작은 삼각형의 한 변의 길이)
=$120 \div 6 = 20$ (cm)
❸ (여섯째에서 가장 작은 삼각형 한 개의 세 변의 길이의
합)=$20 + 20 + 20 = 20 \times 3 = 60$ (cm)

3 원

15~16쪽

유형 변형하기

1 8군데	**2** 9 cm
3 44 cm	**4** 216 cm
5 87 cm	**6** 5 cm
7 75 cm	

1

가   나

❶ 가: 이용한 원은 3개, 원의 중심이 같은 원은 없습니다.
  ⇨ (원의 중심의 수)=3개

❷ 나: 이용한 원은 6개, 원의 중심이 같은 원은 2개
  ⇨ (원의 중심의 수)=6−2+1=5(개)

❸ 컴퍼스의 침을 꽂아야 할 곳은 모두 3+5=8(군데)입니다.

2 ❶ (중간 원의 지름)=(가장 큰 원의 반지름)
                =24÷2=12 (cm)

❷ (가장 작은 원의 지름)=(중간 원의 반지름)
                   =12÷2=6 (cm)

❸ (가장 작은 원의 반지름)=6÷2=3 (cm)

❹ (선분 ㄱㄴ의 길이)
   =(중간 원의 반지름)+(가장 작은 원의 반지름)
   =6+3=9 (cm)

3 ❶ (가장 큰 원의 반지름)=28÷2=14 (cm),
   (중간 원의 지름)=11×2=22 (cm)

❷ (선분 ㄱㄷ의 길이)
   =(가장 큰 원의 반지름)+(중간 원의 지름)
     +(가장 작은 원의 반지름)
   =14+22+8=44 (cm)

4 ❶ 선분 ㄱㄴ은 원의 반지름의 2배이므로
   (원의 반지름)=18÷2=9 (cm)

❷ (원의 지름)=9×2=18 (cm)

❸ 초록색 선의 길이는 원의 지름의 12배이므로
   (초록색 선의 길이)=18×12=216 (cm)

5 ❶ 7개의 원의 반지름은 왼쪽 원부터 순서대로
   4 cm, 4+3=7 (cm), 7+3=10 (cm),
   10+3=13 (cm), 13+3=16 (cm),
   16+3=19 (cm), 19+3=22 (cm)입니다.

❷ 양 끝에 놓인 원의 중심을 연결한 선분의 길이는
   가장 작은 원의 반지름을 제외한 나머지 6개의 원의
   반지름의 합과 같습니다.

❸ (양 끝에 놓인 원의 중심을 연결한 선분의 길이)
   =7+10+13+16+19+22
   =87 (cm)

6 ❶ 원이 17개이므로 직사각형의 가로는 원의 반지름의
   17+1=18(배)입니다.
   직사각형의 세로는 원의 지름과 같으므로 원의 반지름의 2배입니다.

❷ 직사각형의 네 변의 길이의 합은 원의 반지름의
   18+2+18+2=40(배)입니다.

❸ (원의 반지름)×40=200에서
   5×40=200이므로 원의 반지름은 5 cm입니다.

7 ❶ (가장 작은 원의 반지름)=20÷2=10 (cm)이므로
   (선분 ㄱㄴ의 길이)=10+17=27 (cm),
   (선분 ㄱㄷ의 길이)=10+15=25 (cm)

❷ (선분 ㄴㄷ의 길이)
   =(가장 큰 원의 반지름)+(중간 원의 반지름)
     −(겹쳐진 부분의 길이)
   =17+15−9=23 (cm)

❸ (삼각형 ㄱㄴㄷ의 세 변의 길이의 합)
   =27+23+25=75 (cm)

실전 적용하기

17~20쪽

1 3군데	**2** 17 cm
3 48 cm	**4** 61 cm
5 12개	**6** 40 cm
7 200 cm	**8** 120 cm
9 29 cm	

1

❶ 모양을 그리는 데 이용한 원은 5개입니다.

❷ 원의 중심이 같은 원은 3개입니다.

❸ (원의 중심의 수)=5-3+1=3(개)이므로
컴퍼스의 침을 꽂아야 할 곳은 모두 3군데입니다.

2 ❶ (큰 원의 지름)=7×2=14 (cm)

❷ (선분 ㄱㄷ의 길이)
=(큰 원의 지름)+(작은 원의 반지름)
=14+3=17 (cm)

3 ❶ (직사각형의 가로)=(원의 반지름)×8
=2×8=16 (cm)

❷ (직사각형의 세로)=(원의 반지름)×4
=2×4=8 (cm)

❸ (직사각형의 네 변의 길이의 합)
=16+8+16+8=48 (cm)

4 ❶ 원의 반지름은 왼쪽 원부터 순서대로
5 cm, 5+4=9 (cm), 9+4=13 (cm),
13+4=17 (cm)입니다.

❷ (선분 ㄱㄴ의 길이)
=5+9+13+17+17=61 (cm)

5 ❶ 선분 ㄱㄴ의 길이는 원의 반지름의 78÷6=13(배)
입니다.

❷ 선분 ㄱㄴ의 길이가 원의 반지름의 13배이므로 원을
13-1=12(개) 그린 것입니다.

6 ❶ (중간 반원의 지름)=64÷2=32 (cm)

❷ (가장 작은 반원의 지름)=(중간 반원의 반지름)
=32÷2=16 (cm)

❸ (가장 작은 반원의 반지름)=16÷2=8 (cm)

❹ (선분 ㄱㄴ의 길이)=16+16+8=40 (cm)

7 ❶ 선분 ㄱㄴ은 원의 반지름의 2배이므로
(원의 반지름)=10÷2=5 (cm)

❷ (원의 지름)=5×2=10 (cm)

❸ 안쪽 초록색 선의 길이는 원의 지름의 6배이므로
10×6=60 (cm)이고,
바깥쪽 초록색 선의 길이는 원의 지름의 14배이므로
10×14=140 (cm)입니다.

❹ (초록색 선의 길이의 합)=60+140=200 (cm)

8 ❶ 사각형의 한 변이 원의 반지름의 2배, 4배, 6배, …
인 규칙입니다.

❷ 다섯째 사각형의 한 변은 원의 반지름의
2×5=10(배)이므로
(다섯째 사각형의 한 변의 길이)=3×10=30 (cm)

❸ (다섯째 사각형의 네 변의 길이의 합)
=30×4=120 (cm)

9 ❶ 세 점 ㄱ, ㄴ, ㄷ을 원의 중심으로 하는 원의 반지름
을 각각 ㉠ cm, ㉡ cm, ㉢ cm라 하면
(선분 ㄱㄴ의 길이)=(㉠+㉡) cm,
(선분 ㄴㄷ의 길이)=(㉡+6+㉢) cm,
(선분 ㄷㄱ의 길이)=(㉢+㉠) cm입니다.

❷ (삼각형의 세 변의 길이의 합)
=(㉠+㉡)+(㉡+6+㉢)+(㉢+㉠)=64 (cm)

❸ ㉠+㉡+㉢+㉠+㉡+㉢+6=64,
㉠+㉡+㉢+㉠+㉡+㉢=64-6=58,
㉠+㉡+㉢=58÷2=29

❹ 세 원의 반지름의 합은 29 cm입니다.

4 분 수

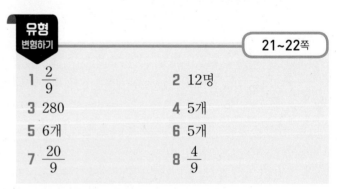

21~22쪽

1	$\frac{2}{9}$	2	12명
3	280	4	5개
5	6개	6	5개
7	$\frac{20}{9}$	8	$\frac{4}{9}$

1 ❶ (혜빈이가 딴 자두의 수)=18개,
(은빈이에게 주고 남은 자두의 수)
=18-14=4(개)

❷ 자두 18개를 2개씩 묶으면 9묶음이고 4개는 9묶음
중 2묶음입니다.
⇨ $\frac{2}{9}$

2 ❶ 24의 $\frac{1}{6}$은 24÷6=4이므로

24의 $\frac{5}{6}$는 4×5=20

⇨ 흰색 운동화를 신은 학생 수: 20명

❷ 20의 $\frac{1}{5}$은 20÷5=4이므로

20의 $\frac{2}{5}$는 4×2=8

⇨ 흰색 운동화를 신은 여학생 수: 8명

❸ (흰색 운동화를 신은 남학생 수)

　=(흰색 운동화를 신은 학생 수)

　　-(흰색 운동화를 신은 여학생 수)

　=20-8=12(명)

3 ❶ $\frac{23}{40}$은 $\frac{1}{40}$이 23개이므로 ●의 $\frac{1}{40}$은

92÷23=4입니다.

⇨ ●=4×40=160

❷ $\frac{4}{7}$는 $\frac{1}{7}$이 4개이므로 ★의 $\frac{1}{7}$은

●÷4=160÷4=40입니다.

❸ ★=40×7=280

4 ❶ $1\frac{5}{9}=\frac{14}{9}$이고, $\frac{\bigcirc}{9}<\frac{14}{9}$이므로 ㉠에 들어갈 수

있는 자연수는 1부터 13까지의 수입니다.

❷ $\frac{70}{31}=2\frac{8}{31}$이고, $2\frac{8}{31}<2\frac{\bigcirc}{31}$이므로 ㉡에 들어갈

수 있는 자연수는 9부터 30까지의 수입니다.

❸ ㉠과 ㉡에 공통으로 들어갈 수 있는 자연수는 9, 10,

11, 12, 13입니다. ⇨ 5개

5 ❶ 가분수는 분모가 분자보다 작은 분수이므로 분자가

두 자리 수, 분모가 한 자리 수가 되어야 합니다.

⇨ 분자가 될 수 있는 수: 23, 25, 32, 35, 52, 53

❷ 만들 수 있는 가분수:

$\frac{23}{5}$, $\frac{25}{3}$, $\frac{32}{5}$, $\frac{35}{2}$, $\frac{52}{3}$, $\frac{53}{2}$ ⇨ 6개

6 ❶ 4<(분모)<7이므로 분모가 될 수 있는 수는 5, 6이

고, 2<(분자)<6이므로 분자가 될 수 있는 수는 3,

4, 5입니다.

❷ 조건을 만족하는 진분수: $\frac{3}{5}$, $\frac{4}{5}$, $\frac{3}{6}$, $\frac{4}{6}$, $\frac{5}{6}$ ⇨ 5개

7 ❶ 분모와 분자의 합이 29인 표를 만들고 분모의 2배보

다 2만큼 더 큰 수를 구합니다.

분모	⋯	6	7	8	9	10	11	⋯
분자	⋯	23	22	21	20	19	18	⋯
분모의 2배보다 2만큼 더 큰 수	⋯	14	16	18	20	22	24	⋯

❷ 분자가 분모의 2배보다 2만큼 더 큰 가분수는 $\frac{20}{9}$

입니다.

8 ❶ 분모가 같은 분수끼리 묶으면

$\left(\frac{1}{3}, \frac{2}{3}\right)$, $\left(\frac{1}{4}, \frac{2}{4}, \frac{3}{4}\right)$, $\left(\frac{1}{5}, \frac{2}{5}, \frac{3}{5}, \frac{4}{5}\right)$, ⋯입니다.

규칙 각 묶음은 분자가 1씩 커지면서 진분수가 1개

씩 늘어납니다.

❷ 6번째 묶음까지의 분수의 개수는

2+3+4+5+6+7=27(개)이므로 31번째에 놓

을 분수는 7번째 묶음의 4번째 수입니다.

❸ 7번째 묶음: $\left(\frac{1}{9}, \frac{2}{9}, \frac{3}{9}, \frac{4}{9}, \frac{5}{9}, \frac{6}{9}, \frac{7}{9}, \frac{8}{9}\right)$

⇨ 7번째 묶음의 4번째 수: $\frac{4}{9}$

실전 적용하기　23~26쪽

1	42	2	14개
3	$\frac{6}{13}$	4	$\frac{61}{7}$
5	144	6	$3\frac{1}{3}$
7	16개	8	30
9	57	10	32 cm

1 ❶ $\frac{4}{7}$는 $\frac{1}{7}$이 4개이므로 ♥의 $\frac{1}{7}$은 24÷4=6입니다.

❷ ♥=6×7=42

2 ❶ 35의 $\frac{1}{7}$은 35÷7=5이므로

35의 $\frac{3}{7}$은 5×3=15

⇨ 언니에게 준 사탕 수: 15개

❷ (남은 사탕 수)=35-15-6=14(개)

3 ❶ (처음 참외의 수)=26개,

(남은 참외의 수)=26-8-6=12(개)

❷ 처음에 있던 참외 26개를 2개씩 묶으면 13묶음이고

12개는 13묶음 중 6묶음입니다.

⇨ $\frac{6}{13}$

4 ❶ 대분수는 자연수가 더 클수록 큰 수이므로 가장 큰 수 8을 자연수 부분에 놓습니다.

❷ $\frac{2}{7}<\frac{5}{7}$이므로 가장 큰 대분수는 $8\frac{5}{7}$입니다.

❸ $8\frac{5}{7}=\frac{61}{7}$

5 ❶ $\frac{7}{8}$은 $\frac{1}{8}$이 7개이므로 어떤 수의 $\frac{1}{8}$은 $28\div7=4$입니다.

❷ (어떤 수)$=4\times8=32$

❸ 32의 $\frac{1}{2}$은 $32\div2=16$

⇨ 32의 $\frac{9}{2}$는 $16\times9=144$

6 ❶ 분모와 분자의 합이 13인 표를 만들고 분모와 분자의 차를 구합니다.

분모	2	3	4	5	6	⋯
분자	11	10	9	8	7	⋯
차	9	7	5	3	1	⋯

❷ 분모와 분자의 차가 7인 가분수는 $\frac{10}{3}$입니다.

⇨ $\frac{10}{3}=3\frac{1}{3}$

7 ❶ 분모가 5인 가분수: $\frac{5}{5}, \frac{6}{5}, \frac{7}{5}, \cdots$

❷ $4\frac{1}{5}=\frac{21}{5}$이므로 ❶에서 구한 분수 중 $\frac{21}{5}$보다 작은 분수: $\frac{5}{5}, \frac{6}{5}, \cdots, \frac{19}{5}, \frac{20}{5}$ ⇨ 16개

8 ❶ $\frac{59}{17}=3\frac{8}{17}$, $\frac{154}{17}=9\frac{1}{17}$

❷ $3\frac{8}{17}<◆\frac{4}{17}<9\frac{1}{17}$이므로

◆에 들어갈 수 있는 자연수는 4, 5, 6, 7, 8입니다.

❸ (◆에 들어갈 수 있는 자연수의 합)
$=4+5+6+7+8=30$

9 ❶ 규칙 ┌ 분모: 2부터 2씩 커집니다.
└ 분자: 1부터 4씩 커집니다.

❷ 30번째에 놓을 분수의 분모는 2부터 2씩 29번 (2×29) 커진 수 ⇨ $2+58=60$

30번째에 놓을 분수의 분자는 1부터 4씩 29번 (4×29) 커진 수 ⇨ $1+116=117$

❸ (30번째에 놓을 분수)$=\frac{117}{60}$

❹ $60<117$이므로 $117-60=57$

10 ❶ 200의 $\frac{1}{5}$은 $200\div5=40$이므로

200의 $\frac{2}{5}$는 $40\times2=80$

⇨ 첫 번째로 튀어 오른 공의 높이: 80 cm

❷ 80의 $\frac{1}{5}$은 $80\div5=16$이므로

80의 $\frac{2}{5}$는 $16\times2=32$

⇨ 두 번째로 튀어 오른 공의 높이: 32 cm

5 들이와 무게

유형 변형하기   27~29쪽

1 시우   **2** 400, 1, 7, 200
3 1 kg 900 g   **4** 3 L 90 mL
5 3570 kg   **6** 310 g
7 36초   **8** 1 L 200 mL
9 2 kg 600 g

1 ❶ 영어사전이 든 상자의 실제 무게:
$550\,g+1\,kg\,200\,g=1\,kg\,750\,g$,
하성: $1200\,g=1\,kg\,200\,g$

❷ 1 kg 750 g과 어림한 무게의 차가 가장 적은 사람이 가장 가깝게 어림한 것입니다.
• 인아: $2\,kg-1\,kg\,750\,g=250\,g$
• 시우: $1\,kg\,750\,g-1\,kg\,600\,g=150\,g$
• 하성: $1\,kg\,750\,g-1\,kg\,200\,g=550\,g$

❸ $150\,g<250\,g<550\,g$이므로 영어사전이 든 상자의 무게를 가장 가깝게 어림한 사람은 시우입니다.

2 ❶ mL 단위의 계산:
덧셈식에서 ㉠$+400=800$
⇨ ㉠$=800-400=400$
뺄셈식에서 ㉠$-200=㉣$
⇨ ㉣$=400-200=200$

❷ L 단위의 계산:
덧셈식에서 $6+㉡=㉢$이고 뺄셈식에서
$8-㉡=㉢$입니다.
두 식에서 알맞은 수를 찾으면
㉡$=1$, ㉢$=7$인 경우입니다.

3 ❶ 수박 2통이 담긴 상자의 무게: 11 kg 300 g,
수박 1통이 담긴 상자의 무게: 6 kg 600 g
❷ (수박 1통의 무게)
= (수박 2통이 담긴 상자의 무게)
  − (수박 1통이 담긴 상자의 무게)
= 11 kg 300 g − 6 kg 600 g = 4 kg 700 g
❸ (빈 상자의 무게)
= (수박 1통이 담긴 상자의 무게)
  − (수박 1통의 무게)
= 6 kg 600 g − 4 kg 700 g = 1 kg 900 g

4 ❶ 비커에 담긴 물의 양: 500 mL
❷ (물을 부은 후 수조에 든 물의 양)
= 3 L 400 mL + 500 mL = 3 L 900 mL
❸ (수조에 남아 있는 물의 양)
= 3 L 900 mL − 270 mL − 270 mL
  − 270 mL = 3 L 90 mL

5 ❶ 230 kg × 9 = 2070 kg,
420 kg × 8 = 3360 kg이므로
(트럭 3대에 실은 무게) = 2070 kg + 3360 kg
= 5430 kg
❷ (트럭 3대에 실을 수 있는 무게) = 3 t × 3 = 9 t
❸ (트럭 3대에 더 실을 수 있는 무게의 합)
= 9 t − 5430 kg = 9000 kg − 5430 kg
= 3570 kg

6 ❶ (빨간색 공 4개의 무게) = (파란색 공 6개의 무게)
= (노란색 공 5개의 무게)
❷ (빨간색 공 4개의 무게) = (노란색 공 1개의 무게) × 5
= 248 g × 5 = 1240 g
❸ 310 g × 4 = 1240 g이므로 빨간색 공 1개의 무게는 310 g입니다.

7 ❶ 410 mL × 2 = 820 mL이므로
(1초 동안 수도에서 나오는 물의 양) = 410 mL
❷ (1초 동안 채울 수 있는 물의 양)
= 410 mL − 160 mL = 250 mL
❸ 1 L
= 250 mL + 250 mL + 250 mL + 250 mL
  └─────── 4번 ───────┘
이므로 1 L를 채우는 데 걸리는 시간은 4초입니다.
❹ 9 L는 1 L의 9배이므로 9 L의 물을 받는 데
4 × 9 = 36(초)가 걸립니다.

8 ❶ (두 수조에 들어 있는 물의 양의 차)
= 8 L 900 mL − 3 L 500 mL = 5 L 400 mL
❷ (가) 수조에 물이 3 L만큼 더 많아야 하므로
(똑같이 나눠야 하는 물의 양)
= 5 L 400 mL − 3 L
= 2 L 400 mL = 2400 mL
❸ 2400 mL = 1200 mL + 1200 mL이므로
(옮겨야 하는 물의 양) = 1200 mL
= 1 L 200 mL

9 ❶   (자몽 5개) + (복숭아 1개) = 2 kg 200 g
  −) (자몽 1개) + (복숭아 1개) =   600 g
    (자몽 4개)   = 1 kg 600 g
❷ 1600 g = 400 g + 400 g + 400 g + 400 g이므로
(자몽 1개의 무게) = 400 g
❸ (복숭아 1개의 무게) = 600 g − 400 g = 200 g
❹ (자몽 4개의 무게) = 400 g × 4 = 1600 g,
(복숭아 5개의 무게) = 200 g × 5 = 1000 g
⇨ (자몽 4개와 복숭아 5개의 무게의 합)
= 1600 g + 1000 g = 2600 g = 2 kg 600 g

실전 적용하기

30~33쪽

1	4 kg 800 g	**2**	정인
3	5410 kg	**4**	8, 670
5	120 g	**6**	650 mL
7	1800 g	**8**	600 mL
9	10초	**10**	4 kg 192 g

1 (고양이의 무게) = 42 kg 700 g − 37 kg 900 g
= 4 kg 800 g

2 ❶ 혁수: 3 kg 800 g = 3800 g
❷ 4100 g과 어림한 무게의 차가 더 적은 사람이 더 가깝게 어림한 것입니다.
• 정인: 4300 g − 4100 g = 200 g
• 혁수: 4100 g − 3800 g = 300 g
❸ 200 g < 300 g이므로 멜론의 무게에 더 가깝게 어림한 사람은 정인이입니다.

3 ❶ (트럭에 실은 무게) = 370 kg × 7 = 2590 kg
❷ (트럭에 더 실을 수 있는 무게)
= 8 t − 2590 kg
= 8000 kg − 2590 kg
= 5410 kg

4 ❶ mL 단위의 계산: $200-ⓒ=530$이 되는 ⓒ은 없
으므로 $1000+200-ⓒ=530$
에서 $1200-ⓒ=530$입니다.
⇨ $ⓒ=1200-530=670$

❷ L 단위의 계산: $㉠-1-3=4$에서 $㉠-4=4$입니
다. ⇨ $㉠=4+4=8$

5 ❶ 한라봉 4개가 담긴 바구니의 무게: 1200 g,
한라봉 1개의 무게: 270 g

❷ (한라봉 4개의 무게)$=270$ g$×4=1080$ g

❸ (빈 바구니의 무게)$=1200$ g-1080 g$=120$ g

6 ❶ (지유가 마신 후 물의 양)
$=1$ L 750 mL-380 mL$=1$ L 370 mL

❷ (동생이 마신 물의 양)
$=1$ L 370 mL-720 mL$=650$ mL

7 ❶ (고구마 8개의 무게)$=$(감자 12개의 무게)
⇨ (고구마 4개의 무게)$=$(감자 6개의 무게)

❷ (당근 5개의 무게)$=$(감자 6개의 무게)
$=$(고구마 4개의 무게)

❸ (당근 5개의 무게)$=$(고구마 1개의 무게)$×4$
$=450$ g$×4=1800$ g

8 ❶ (찬희가 마시고 남은 사과 주스의 양)
$=6$ L 400 mL-500 mL$=5$ L 900 mL

❷ (두 사람이 가지고 있는 사과 주스의 양의 차)
$=7100$ mL-5 L 900 mL
$=7100$ mL-5900 mL$=1200$ mL

❸ 1200 mL$=600$ mL$+600$ mL이므로
(찬희에게 주어야 하는 사과 주스의 양)$=600$ mL

9 ❶ (1초 동안 새는 물의 양)
$=420$ mL$÷2=210$ mL

❷ (1초 동안 채울 수 있는 물의 양)
$=370$ mL$+240$ mL-210 mL$=400$ mL

❸ 2 L$=2000$ mL
$=\underbrace{400 \text{ mL}+400 \text{ mL}+400 \text{ mL}+400 \text{ mL}+400 \text{ mL}}_{5번}$
이므로 2 L를 채우는 데 걸리는 시간은 5초입니다.

❹ 4 L는 2 L의 2배이므로 4 L의 물을 받는 데
$5×2=10$(초)가 걸립니다.

10 ❶
$$\begin{array}{r}
((가) \text{ 상자 5개})+((나) \text{ 상자 5개})=6 \text{ kg } 880 \text{ g} \\
-\ )\ ((가) \text{ 상자 2개})+((나) \text{ 상자 5개})=5 \text{ kg } 440 \text{ g} \\
\hline
((가) \text{ 상자 3개}) \qquad\qquad\ =1 \text{ kg } 440 \text{ g}
\end{array}$$

❷ 1 kg 440 g$=1440$ g$=480$ g$×3$이므로
((가) 상자 1개의 무게)$=480$ g

❸ ((가) 상자 2개의 무게)$=480$ g$×2=960$ g이므로
((나) 상자 5개의 무게)$=5$ kg 440 g-960 g
$=4$ kg 480 g
⇨ 4 kg 480 g$=4480$ g$=896$ g$×5$이므로
((나) 상자 1개의 무게)$=896$ g

❹ ((가) 상자 5개의 무게)$=480$ g$×5=2400$ g,
((나) 상자 2개의 무게)$=896$ g$×2=1792$ g
⇨ ((가) 상자 5개와 (나) 상자 2개의 무게의 합)
$=2400$ g$+1792$ g$=4192$ g$=4$ kg 192 g

---

6 **자료와 그림그래프**

유형
변형하기 ━━━━━━━━━━━━━━━ 34~36쪽

1 풀이 참조   2 41명
3 4명   4 풀이 참조
5 220상자
6 (1) 26명   (2) 305만 원

1 ❶ 포도: 10명, 복숭아: 7명, 사과: 7명

❷ 조사한 자료를 표로 나타냅니다.

좋아하는 과일별 학생 수

과일	학생 수(명)
포도	10
복숭아	7
사과	7

❸ ◎은 10명, △은 5명, ○은 1명으로 하여 표를 그림
그래프로 나타냅니다.

좋아하는 과일별 학생 수

과일	학생 수
포도	◎
복숭아	△○○
사과	△○○

◎ 10명
△ 5명
○ 1명

2 ❶ 그림그래프에서 그림 😊은 5명, 그림 😊은 1명을 나타냅니다.

❷ 1반: 11명, 2반: 9명, 3반: 8명, 4반: 13명

❸ (피아노 학원에 다니는 학생 수의 합)
$=11+9+8+13=41$(명)

3 ❶ 그림그래프에서 그림 😊은 5명, 그림 😊은 1명을 나타냅니다.

❷ 갈치: 3명 ⇨ 조기: $3 \times 4 = 12$(명), 고등어: 8명

❸ (꽁치를 먹고 싶은 학생 수)
$=27-12-8-3=4$(명)

4 ❶ 그림그래프에서 그림 ◎은 50자루를 나타내므로
(초록색 볼펜의 판매량)=60자루

❷ (검은색 볼펜의 판매량)
$=$(파란색 볼펜의 판매량)$=120$자루
(빨간색 볼펜의 판매량)
$=380-60-120-120=80$(자루)

❸ 표와 그림그래프를 완성합니다.

색깔별 볼펜 판매량

색깔	판매량(자루)
빨간색	80
초록색	60
파란색	120
검은색	120
합계	380

색깔별 볼펜 판매량

색깔	판매량
빨간색	◎○○○
초록색	◎○
파란색	◎◎○○
검은색	◎◎○○

◎50자루 ○10자루

5 ❶ 그림그래프에서 그림 🍎은 100상자, 그림 🍎은 10상자를 나타내므로
(나 과수원의 배 수확량)=140상자,
(라 과수원의 배 수확량)=150상자입니다.

❷ 다 과수원의 배 수확량을 ■상자라 하면 가 과수원의 배 수확량은 (■+■)상자입니다.

❸ ■+■+140+■+150=9500이므로
■+■+■=660, ■=660÷3=220
⇨ (다 과수원의 배 수확량)=220상자

6 (1) ❶ 입장료 안내판에서 어린이는 3만 원입니다.

❷ (2반 학생 수)=78÷3=26(명)

(2) ❶ 입장료 안내판에서 성인은 5만 원,
어린이는 3만 원입니다.

❷ (3학년 전체 학생 수)
$=24+26+22+23=95$(명)

❸ (3학년 전체 학생의 입장료)
$=3 \times 95 = 285$(만 원),
(선생님 4명의 입장료)$=5 \times 4 = 20$(만 원)
⇨ (3학년 전체 학생과 선생님 4명의 입장료의 합)
$=285+20=305$(만 원)

실전 적용하기

37~40쪽

1 풀이 참조	**2** 74명
3 5600원	**4** 15점
5 133만 원	**6** 24명
7 풀이 참조	**8** 풀이 참조

1 ❶ 장미: 6명, 튤립: 4명, 해바라기: 10명
⇨ 합계: $6+4+10=20$(명)

❷ 조사한 자료를 표로 나타냅니다.

좋아하는 꽃별 학생 수

꽃	학생 수(명)
장미	6
튤립	4
해바라기	10
합계	20

❸ ◎은 5명, ○은 1명으로 하여 표를 그림그래프로 나타냅니다.

좋아하는 꽃별 학생 수

꽃	학생 수
장미	◎○
튤립	○○○○
해바라기	◎◎

◎5명 ○1명

2 ❶ 그림그래프에서 그림 😊은 10명, 그림 😊은 1명을 나타냅니다.

❷ 봄: 14명, 여름: 21명, 가을: 16명, 겨울: 23명

❸ (3학년 전체 학생 수)
$=14+21+16+23=74$(명)

3 ❶ 입장료 안내판에서 어린이 한 명의 입장료는 700원입니다.

❷ 그림그래프에서 오전에 방문한 어린이는 8명입니다.

❸ (모든 어린이의 입장료)
$=$(어린이 한 명의 입장료)$\times$(방문한 어린이 수)
$=700\times8=5600$(원)

4 ❶ 그림그래프에서 그림 🐹은 10점, 그림 🐹은 1점을 나타냅니다.

❷ 1층: 44점 ⇨ 2층: $44\div4=11$(점), 4층: 5점

❸ (3층에 전시된 작품 수)$=75-44-11-5$
$=15$(점)

5 ❶ (농구공을 판매하여 얻은 금액)
$=3\times23=69$(만 원)
(배 모형을 판매하여 얻은 금액)
$=2\times32=64$(만 원)

❷ (농구공과 배 모형을 판매하여 얻은 금액의 합)
$=69+64=133$(만 원)

6 ❶ (강아지를 좋아하는 학생 수)$=34$명

❷ 고양이를 좋아하는 학생 수를 ■명이라 하면
토끼를 좋아하는 학생 수는 (■$+3$)명이고
■$+$■$+3=85-34=51$, ■$+$■$=48$

❸ ■$=48\div2=24$
⇨ (고양이를 좋아하는 학생 수)$=24$명

7 ❶ 그림그래프에서 그림 ◎은 100개, 그림 ○은 10개를 나타내므로 (수박 맛 사탕 판매량)$=110$개입니다.

❷ (초코 맛 사탕 판매량)
$=$(딸기 맛 사탕 판매량)$\times2=70\times2=140$(개)
⇨ (포도 맛 사탕 판매량)
$=600-140-70-110=280$(개)

❸ 표와 그림그래프를 완성합니다.

맛별 사탕 판매량

맛	판매량(개)
포도 맛	280
초코 맛	140
딸기 맛	70
수박 맛	110
합계	600

맛별 사탕 판매량

맛	판매량
포도 맛	◎◎◎△○○○
초코 맛	◎○○○○
딸기 맛	△○○
수박 맛	◎○

◎ 100개   △ 50개   ○ 10개

8 ❶ 그림그래프에서 그림 ○은 10명을 나타내므로 (과일을 좋아하는 학생 수)$=90$명입니다.

❷ (빵을 좋아하는 학생 수)$=90+50=140$(명)

❸ 우유와 과자를 좋아하는 학생 수를
각각 ■명이라 하면
■$+$■$=550-90-140=320$,
■$=320\div2=160$
⇨ (우유를 좋아하는 학생 수)
$=$(과자를 좋아하는 학생 수)$=160$명

❹ 그림그래프를 완성합니다.

좋아하는 간식의 종류별 학생 수

간식	학생 수
우유	◎○○○○○○
과일	○○○○○○○○○
빵	◎○○○○
과자	◎○○○○○○

◎ 100명
○ 10명

기초 학습능력 강화 프로그램

매일 조금씩 **공부력** UP!

똑똑한 하루
시리즈

쉽다!

초등학생에게 꼭 필요한 지식을
학습 만화, 게임, 퍼즐 등을 통한
'비주얼 학습'으로 쉽게 공부하고 이해!

빠르다!

하루 10분, 주 5일 완성의
커리큘럼으로 빠르고 부담 없이
초등 기초 학습능력 향상!

재미있다!

교과서는 물론 생활 속에서
쉽게 접할 수 있는 다양한 소재를 활용해
스스로 재미있게 학습!

더 새롭게! 더 다양하게! 전과목 시리즈로 돌아온 '똑똑한 하루'

국어 (예비초 ~ 초6)

예비초~초6 각 A·B
교재별 14권

예비초: 예비초 A·B
초1~초6: 1A~4C
14권

영어 (예비초 ~ 초6)

초3~초6 Level 1A~4B
8권

Starter A·B
1A~3B
8권

수학 (예비초 ~ 초6)

초1~초6 1·2학기
12권

예비초~초6 각 A·B
14권

예비초: 예비초 A·B
초1~초6: 학년별 1권
8권

초1~초6 각 A·B
12권

봄·여름
가을·겨울 (초1~ 초2)

봄·여름·가을·겨울
각 2권 / 8권

안전 (초1~ 초2)

초1~초2
2권

사회·과학 (초3~ 초6)

학기별 구성
사회·과학 각 8권

정답은
이안에
있어!

최고수준S